U0577240

抱怨世界
不如改变自己

严 杰 编译

光明日报出版社

图书在版编目（ＣＩＰ）数据

抱怨世界不如改变自己 / 严杰编译 . -- 北京：光明日报出版社，2012.6（2025.4 重印）

ISBN 978-7-5112-2370-8

Ⅰ . ①抱… Ⅱ . ①严… Ⅲ . ①人生哲学—通俗读物 Ⅳ . ① B821-49

中国国家版本馆 CIP 数据核字 (2012) 第 076424 号

抱怨世界不如改变自己

BAOYUAN SHIJIE BURU GAIBIAN ZIJI

编　译：严　杰

责任编辑：李　娟　　　　　　　　　责任校对：文　朔

封面设计：玥婷设计　　　　　　　　责任印制：曹　诤

出版发行：光明日报出版社

地　　址：北京市西城区永安路 106 号，100050

电　　话：010-63169890（咨询），010-63131930（邮购）

传　　真：010-63131930

网　　址：http://book.gmw.cn

E － mail：gmrbcbs@gmw.cn

法律顾问：北京市兰台律师事务所龚柳方律师

印　　刷：三河市嵩川印刷有限公司

装　　订：三河市嵩川印刷有限公司

本书如有破损、缺页、装订错误，请与本社联系调换，电话：010-63131930

开　　本：170mm×240mm

字　　数：190 千字　　　　　　　　印　　张：14

版　　次：2012 年 6 月第 1 版　　　　印　　次：2025 年 4 月第 4 次印刷

书　　号：ISBN 978-7-5112-2370-8-02

定　　价：45.00 元

不同信仰、不同宗教和不同世界观的人都会问一些相同的深奥难解的问题：我们为什么存在？我们从何处来，将要到何处去？我们是谁？答案是藏在某本我们尚未发现的书中，还是深埋于我们自己的心里，等待着被发掘呢？

人如何开启自己的心灵？如你我这般的凡夫俗子想要彻底转换意识形态和价值观念，始终按照自己的本真意愿行事，是不是望尘莫及呢？存在是多么不可思议，我们能理解并探究其真谛吗？事实纷繁复杂，我们能脱身而出，获得最终的自由吗？我们能受到启迪吗？

有时候，生活中会遇到天灾人祸，令人大起大落、大喜大悲，经历这些事情后，我们就找到了问题的答案。比如说，遭遇疾病、车祸的人，当他们拨开阴霾重新拥有光明时，全部的意识形态和价值观念都神奇地发生了改变，就好像到另外一个世界度过了一段时光，日子与以前截然不同：不再担惊受怕，不再每日忧心忡忡、忙忙碌碌，难以置信的平静占据了新的生活，似乎所有的焦虑、忧愁都消失了，取而代之的是一种难以言表的感觉，心中充满了爱和希望。

但是，人们不可能等着天灾人祸发生，借以改进生活。只要愿意，我们可以选择另外一种方式，踏上体验人生百味的道路，走进通往精神开悟的大门。古往今来，有多少人为此进行了不懈的奋斗和探索。但是，我们怎样开始呢？所谓的"精神开悟"会给我们的生活带来什么样的变化呢？

话说回来，我们到底为什么要追求"开悟"、改变自己呢？需要具备什么样的条件才能开始这非凡的征程呢？而且，更重要的是，我们到哪里找到一位可以指引修习的导师呢？

这本书将帮助你揭示这些问题的答案。书中的语言精练，说理清晰，含义深刻，而且喻事生动，不仅让你发现身边的美和爱，还将唤醒你心中与生俱来却隐藏着的各种意识。一页页翻阅过去，你不但可以探索自己内在的精神世界，而且

本书具有与读者互动的特色，你可以借此机会亲自去领略精神"开悟"的含义。阅读的过程中，你会发现自己不只是在了解与"开悟"相关的知识，而是在不知不觉中向着"启迪"迈进。

自己就是最好的老师

遗憾的是，到目前为止还没有一种方法能够测试出修习师的精神开悟程度高低。不过，就算存在着这样一种测试方法，衡量的对象是知识还是感知力呢？谁有评判结果的资格呢？当我们尚不懂爱为何物时就坠入了情网，还是在身心处于敏感期时爱悄悄降临？到底谁能够担当起指引修习的职责？

追根究底，答案是你！亲爱的读者，老师就是你自己，还有谁比你更了解你的内心世界呢？除了自己，你还相信谁？师者，传道授业解惑也！好比他们曾经跋山涉水，披荆斩棘，开辟出了一条道路。指引后来者时，可以画出一幅地图，描绘出山峰沟壑的分布，说明路程中哪些地方有艰难险阻，哪些地方有秀丽风景，使得后来者可以趋利避害，更加顺利地开展自己的征程。但是，要知道，奇光异彩如要亲眼看见、亲身体验，非身临其境不可。因此，本书旨在鼓励读者身体力行，自己发掘出个人的感知和体悟。如果你只是为了增长见识，把它作为普通的书来阅读，那么最后你所获得的也就只有知识而已，好像上面所说的现成的地图，是无法变通为你所用的。其实，所有问题的答案绝不止乎这些平凡无奇的知识，而是藏在知识背后的感知和体悟中。因为感知和体悟转瞬即逝，不是通过学习就可以获得的，所以必须要亲自经历和体验。欢迎你踏上一条奇特的灵性之旅！

寻找出博大无私的爱和理解，唯一的要求就是持之以恒的决心。追求启迪不需要你才华出众，多么的出类拔萃，只要有追寻本真的愿望和求之若渴的决心即可。也不管过去你过着怎样的生活，从现在开始付诸实施即可。基督教徒在空无人烟的沙漠精心修炼，佛教徒则在偏僻幽静的山林中接受自然的恩泽。在他们修习的道路上，忍受并享受独自一人的孤独是主要的课程。通过不断地对内在世界进行探究，他们逐渐被灌输一些感知和体悟，并可经由这种经历告诉他人追求本真之旅中的成败得失。于是，整个世界就在不知不觉中发生了改变。

循序渐进

本书专为那些充满勇气的人、那些敢于踏上未知旅程的人而作。纵身跃进精神世界的浩瀚海洋，畅游于其中，借此机会你可以摈除内心深处的恐惧，增强自信心，激发出心中对尘世万物的爱。你会发现自己被无数的感知笼罩，开始重新审视宇宙万物。本书每一天都会向读者揭示出一个新的独特的体悟。反过来，这种感知和体悟会悄悄地开启新的生活领域，给予读者以真正的自由。如果你真心实意地按照本书的指示，按部就班地实施修习步骤，相信启迪就在不远的前方等着你。

但是，我们的生活总是会莫名其妙地陷入纷乱复杂的状态，如同纠结缠绕成一团的渔线，解开它需要有足够的耐心，同时动作也要轻柔。通常第 1 个结最紧、最难解，如果我们操之过急，用力过大，只会使它缠得更紧，所以一定要慢慢来。修习的道路上同样如此，如果问题更加严重，道路变得崎岖不平时，应鼓起勇气，作战到底，这一次改变行事路线，下一次采取不同的解决方式，千方百计地去克服难题，逆境一定可以跨越过去。每天读一页，耐心点，仔细点，彻底地理解字里行间的含义。就好像初次品味你曾经梦寐以求的红酒，需要细斟慢酌方能完全领略其中独特的芬芳。

如何使用本书？

本书通过冥想和感悟，带领你叩响精神开悟的大门。随着时间的脚步，每过一天，你就更接近最终的目标。无须修习经验，可直接开始。初涉修习，奇妙的体验和迷惑并存，本书将教你如何循序渐进，经由冥想走向精神开悟。虽然精神开悟的奥妙难以用言语描述，但是对于你自己以及世间万物，它无疑是最重要的事，值得你为之奋斗。

每天的修习巧妙地设置成 3 个部分进行：感知、沉思和冥想。虽然每天修习的内容不尽相同，但是 3 个部分却是恒定不变的。这种组合本身就独具一格，但是更为神奇的是其逐渐积累起来的效果。想想看，由最初简单的注意力慢慢过渡到高度集中的专注力、能量中心的开启、觉知、感悟，最后到达没有自我、空无的深邃境界，心中升出无私的博大的爱，这个过程是非常奇妙的。

每天认真阅读，所需时间不会超过 12 个小时。平时读书时，可能随便坐下来浏览几页。而我们现在所讲的"阅读"和这种通常意义上的阅读是有区别的。日复一日地坚持下去，其中个人的直觉扮演着非常重要的角色。直觉体验也比较独特，属于经验性的东西，建立在个人感知的基础之上而非取决于知识积累。除非亲自体验，否则很难了解具体的感受。按照这种方式再加上运用自己的直觉，可以让事情的发展逐渐和你个人的节奏相协调；与此同时，也在追求精神启迪的道路上留下了意义非凡的足迹。

不要心浮气躁，应坚持每天一次的修习，直到你体验到新的感知。无论是在静坐冥想的过程中还是从事于日常事务时出现，只要出现新的感知就可继续阅读，进一步深入修习。这些不断更新的感知将扭转你以及世间万物的命运。但是感知体验积累到一定的程度时才能出现新的感知，后一个感知都是以前面所有的感知体验为基础的，环环相扣。因此，阅读的时候，不可跳页提前翻看后面的内容。必须依照顺序每一天按部就班地进行下去。

启发的出现可能惊天动地，也可能悄无声息。也许你突然能够意识到他人的痛苦，或者注意到了一棵你从旁边经过成千上万次却从来没有察觉到的树，又或只是简简单单的一件事，像不知不觉中内心的细微变化。

每一页的底端，你看到的是日记部分，可以记录下相应的日期以及感知发生当日具体的体验细节。这将循着你精神旅行的轨迹，记录下完整的篇章。

如果你担心精神性缺乏深度，希望达到某种更有意义的境界，那么就做好身心各方面的准备，等待进一步深入。这需要足够的耐心、一丝不苟的态度和孜孜不倦的练习。每天的修习要全力以赴，每一天都像是修习过程中唯一的一天。不可急躁，一定要在新的感知出现后才能继续下一页的练习内容。无论是在你冥想过程中，还是在你参加日常活动时，新的感知均可能出现。可能每天都能体验到新的感知，也可能数日乃至数周不见其踪影，你在一页上停留很久。即使是这样，你也要心平气和，耐心地等待。

这些具有启迪性的感知成为引导你修习的老师，仿佛信号灯般指示着你下一步的行动。因为已经知道书中描述生活的视角非常奇妙，所以你可能忍不住想要一口气读完它。但是，光是阅读而不身体力行亲自加以体验，你什么也得不到，事情也不会有任何改变。

一股坚持不懈的意志力加上一颗求知的心就能减轻你的压力，改善你与人、物、时间之间的关系吗？也许当你放慢脚步，深深地触摸自己的内心而非头脑时，每一个感知才能改变你的生活，扭转你的甚至整个世界的命运。

目 录
CONTENTS

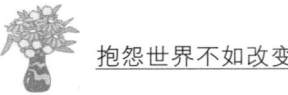

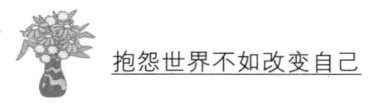

步骤 1：运用和持续注意力

专注力练习能够引起意识不断地发生变动。利用改变后的意识观察世界，会获得焕然一新的感觉。根据改变的幅度大小，新的视觉感受可能非常微妙，也可能令人惊叹，或者介于两者之间恰到好处。

本书的第二章讲述的是觉知练习，利用高度专注的心神去审视身体或大脑某个特定的部位。这种专门的审视和深邃的意识一起帮助我们获得感知和体悟。

第三章阐释了幻觉产生的根源；"行动者"和"行动"之间的联系和区别。

整个追求开悟的过程如行云流水，自然流淌，没有固定的起点和终点，也没有真正的练习步骤。但是，你一定要从现在的你开始做起。真真实实的你，而不是你想象中或是计划中将来的自己。练习每过一天，意识就会发生一点改变，让你更清楚地看清自己。刚开始的时候，你可能在心中不断地和自己做斗争。如果你想克服心中的矛盾，不付出努力是不可能的。重新翻到前面的"如何使用本书"，仔细阅读使用说明，按照指示进行修习。

自始至终要保持一个初学者的姿态，即使你认为自己已经很熟练了，还是要维持同样的态度。每一节冥想修习都应视做新的开始，全力以赴，争取做到最好。修习中尽量不要带着个人判断和意见。

比如说，刚开始修习的时候，你会认为相应的步骤太过简单，下定决心把修习做到完美无缺。随着冥想的深入，这种想法会影响修习的进度，让你越来越感到力不从心。每天书中的指导都是经过精心设计，在潜移默化中慢慢推进修习。这样，你作为修习者来说可以比较容易地紧跟着修习进度，同时改进和提高生活的方方面面。因此，不要私自对书中的内容加以评判。

正如书中所述，在你的探究触及本真时，感悟就出现了，给生活带来一阵清新的空气。尽管有些感悟看起来非常微不足道，但是一旦出现就会深刻地改变你，让你无法再回到从前。你开始关注善意或恶劣的行为；留意到路过丛林时的感觉就好像身处重重高墙；发现自己在努力、怀疑或逃避，也许是出于勇敢，也许是出于怯懦；你还可能看到自己在一切希望都成泡影之后徘徊在漫长的黑暗中，无法控制自己的情绪。随着专注力的深入，你对感悟的觉知也更加敏锐；于是感悟继续深入，上升到另一个更高的境界。因为每一刻大脑观察的东西都是崭新，所以觉知应时刻保持警觉。

第1天
千里之行，始于足下

感知

绿草如茵，春暖花开，新鲜欲滴。生机勃勃的面庞，洋溢着希望，迎接朝阳。

沉思

世界上的佛法书多种多样，难以取舍，由于某种原因，我选择了面前的这本。机缘巧合还是冥冥中自有注定，指引着我的方向？辗转漂泊许久，内心彷徨不定，很想找个宁静的港湾憩息。可是，目前为止，似乎所有的书只能像地图一样，增长了知识，却始终未能如愿，寻得一丝真正的慰藉。开始心灵修行的漫漫之旅，首先是要迈出尝试性的第1步。

冥想

什么叫作冥想？可以说没有一个明确的定义。只有在忘却自我的前提下才可进入冥想状态。跟读书汲取知识不一样，必须放弃所有的念头、渴望，事实上，这种想要达到冥想的渴望反而会适得其反，阻止你进入冥想状态。这就像是一个循环往复的谜令人不解。现在，以一个舒服姿势静静地坐着，闭上眼睛，放飞思绪，想象着自己身处佳境，可以是躺在洒满阳光的沙滩上，可以是穿越潮湿的原始丛林，或者仰望冬日高远的蓝色天

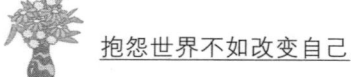
空，以此放松全身肌肉，感觉舒适自在；保持姿势和脑海中的画面不变，深吸一口气，然后慢慢呼出。随着气息的呼出，双肩自然下垂、脸部放松。轻轻地自然呼吸，持续 10 分钟左右，始终想象着待在自己最心仪的地方，摒弃其他任何飘忽不定的思绪。记住，除非脑海中出现另一幅画面或是别有一种体验，否则继续照本页的内容修习。只要注意到在勾画理想环境时，自己的思维是如何跳跃和运作的，新的视野、体验就不会遥不可及。

日记：

_____

_____

_____

日期 _____

第 2 天
体悟寂静

感知

关键时刻，一刹那。

沉思

一只蝴蝶孤零零地停落在一片树叶上，翅膀折合，无声无息，仿佛在述说着自然界一切生物的寂静。这种寂静是我目前所寻求、所需要的吗？

冥想

闭上双眼，感觉身体在呼吸，再次想象自己身处佳境。什么都不管，仅留意呼吸。持续 10 分钟左右。每天做两次，最好在入睡前或是初醒后。记住，不管过多久，除非出现新的视野或体验，否则不可翻页进行下一步。在下面记录你的视觉影像和感知。

日记：

_____

_____

_____

日期 _____

第3天
练习呼吸，让生命平和

感知

潺潺溪流，而不是湍湍涌流。

沉思

我是一条小溪，沿着蜿蜒的林地迂回前行，无忧无虑，自由自在。

冥想

今天的冥想修习须从简单的呼吸练习开始：深吸一口气，吸气时间大概为5秒，让气流充斥整个肺腔。由尾椎骨的顶端开始吸气，并把它想象成一个饱满、明亮的白色发光体，正沿着脊柱向上移动，漂浮，漫过头顶。然后，呼气10秒，发光体照射着你的胸腔，光芒如瀑布般倾泻而下至两腿间隙，好像带走了身体的所有紧张与尘埃，人彻底放松下来。白光往下移动，经过背部周围、胸腹，一路散发光明，一切思绪、感觉、情绪都沐浴在白光中，其中的黑暗无处藏身，都被清除了。白光逐渐扩大，愈来愈亮，遍布身体的每一个部位，给身体带来健康与活力。随着呼吸的气流，整个身体变得清新，内心平静、安详。接下来的10分钟内，继续回到理想之

地，在那里放松休息。集中注意力，不要受到其他思绪的干扰。所有杂乱、飘忽的想法、念头，随风而去吧，而你正全心全意地享受这份舒适。

日记：

_____

_____

_____

第4天
心平如镜，明鉴世事

感知

纯真就像一枚纯净无瑕的透镜，让人频频回首，不断观照。

沉思

柔软的花瓣轻拂面颊，雪花飘落，在舌尖融化，一丝清凉透彻心扉。童年的记忆吗？这些举动是不是很单纯天真呢？与纯真相距多远？

冥想

由白色发光体的想象开始3个回合的呼吸，作为进入冥想的准备阶段。好比学吹长笛，刚开始总是会觉得不那么得心应手，不过，过一段时间后，你会发现气流在体内游走自如、畅通无阻。如果调息的节奏控制得当，并且每日坚持，还可治愈疾病，提高人体免疫力。如果条件允许，可每天练习，最好在同一固定的时间点。选择合适的冥想地点，点一支香烛或者摆几朵花，创造出一个安宁平和的氛围，帮助你快速从凡尘俗事中跳脱出来，修习10分钟的冥想。进入冥想后，还是要回到那片理想佳境，在那里完全放松，释放心灵。每天做两次，最好在每天的同一时间。任何事件或是思绪潜入脑海，要当作是自然发生的，随之而转动心念。如果以观望的态度看待出现的想法，只是袖手旁观而并不参与其中，它们很快就自行消逝了。于是，你会明白，世事的本质乃转瞬即逝。记得：不要急于开始下一步骤，而是要获得感知并做了记录后再进。

日记：

_____

_____

_____

日期 _____

第5天
放下经验与知识，让生命重回纯真

感知

我，静静地坐着。身后，阳光普照，知识、事理的白雪城堡无声地融化，悄然成水。

沉思

我应敏锐机智，一睹纯真无瑕之庐山真面目！风驰电掣般！

冥想

以呼吸热身，每一次吸气，似乎都是从白色发光体中汲取生命之气，充斥整个腹腔神经丛，即肚脐正上方部位。慢慢呼气，将注意力集中于腹腔的白色发光体。呼气时间应该是吸气时间的 2～3 倍。比如说，吸气 2 秒，呼气则需要 4～6 秒。吸气须慢慢自发地进行，但是呼气要刻意延长，做到缓慢而深长。注意力集中于腹腔，或者是紧贴腹部上方随着呼吸起伏

的膈肌。任何时候都应避免胸部区域扩张，始终采用腹式呼吸，否则肋骨向外和向上扩张容易引起压力，引起呼吸不稳定。在此过程中，感觉身体进入非常微妙的状态，白光以不可思议的奇特方式激活身体功能，净化心灵。始终注意自己的呼吸，但是动作应畅顺而轻柔、稳定而渐进的。气流由外界源源不断地涌进身体，在横膈膜部位汇集。此时，应将注意力集中于胸腔。在每天 15 分钟的冥想修习中，按照这种节奏调息呼吸。关键在于将注意力集中于胸腔，让自己与柔和的一呼一吸协调一致，张弛有度，收放自如，将整个过程作为一个畅顺的动作来完成。

日记：

_____

_____

_____

日期 _____

第 6 天
在大自然中感悟无限与永恒

感知

自然的真谛似乎近在眼前了。

沉思

我爱穿过寂静的丛林，仰望巍峨的青山；在大海宁静的时刻，畅游于温暖的海水。感觉它们的辽阔、壮观和空旷。其中蕴藏着神秘而高远的无限和永恒，而我的精神是不是随之得到升华？

冥想

挺直腰板、盘腿而坐（印第安式打坐）于垫子或地毯上，臀部下放一只枕头。可以竖直上半身坐在椅子的边缘上，也可以平躺下来。练习环境应清净幽雅，便于集中精力。如果身边喧嚣嘈杂，可戴上耳机。冥想过程中，最好不要听音乐。但是，不妨选择一些自然界声响的音乐，如浪涛、鸟语等。准备阶段进行 3 个回合的呼吸。想象着白色发光体笼罩整个身体，但是冥想过程中，注意力应集中于腹腔神经丛，不要让呼吸随之起伏不定。中心在于腹腔神经丛中的某一点。采用自然的呼吸方法，轻轻吸气，首先吸向腹部区域，然后依次充满胸腔的下半、上半部分；按相反的方向呼气，并尽量延长时间至吸气的 2 ～3 倍。始终将注意力集中于腹腔部位的白色发光体，只是同时留意于呼吸。如果注意力开始游离，不要试图重新回归原位，随遇而安就好。不管白色发光体如何移动漂浮，意念始终跟随。每一节打坐修习持续 15 分钟。

日记：

_____

_____

_____

日期 _____

第 7 天
以爱融化恐惧

感知

安全感和创造力永远不可能合二为一，就像水油不溶于彼此，恐惧和爱也无法并行不悖。

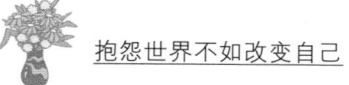

沉思

我记得初次坠入爱河的情景。热烈企盼，想入非非，可是事与愿违，在现实面前，所有的梦想如风中之泡影，杳无踪迹，不知去向。

冥想

记得做后背、头顶、胸腹部位白色发光体的 3 轮呼吸。向后背吸气 4~5 秒，然后慢慢从胸腔呼出气，气流倾泻于双腿间隙，持续 8~12 秒，再次向脊柱方向吸气。然后，向腹部吸气，呼气的持续时间应为吸气的 2~3 倍。呼气过程中，体力恢复并增强，注意力集中能力提高，这也是延长呼气时间的原因。如果你是盘腿坐于地上，可将左足跟折叠在双腿间，右脚脚踝搁到左侧大腿或小腿上，或是左腿侧的地面；不过双膝应尽量平铺在地板上。这个动作难度较大，可能需要一定的适应过程。用椅子的时候，挺直腰板，坐在椅子边缘，双足平放于地。如果受到实际条件限制，采取任何静止的姿势即可。今天的打坐体位尽量持续 20 分钟。潜意识中，保留那份初恋的美好感觉。记住，是感觉而不是确切的回忆。

日记：

_____

_____

_____

日期 _____

第 8 天
体验空旷与虚无

感知

门槛；空洞。

沉思

曾经失去一位亲近的人。知道我的感受吗？五雷轰顶，世界陷入一片空洞。

冥想

冥想过程中，双手自然放松，手心向上，交叉叠放于大腿。左手在下，右手在上，双手大拇指尖轻触。另外一个姿势就是双手的拇指与食指分别对接成"O"状（莲花指），然后，拇指、食指相对，轻触，形成"OO"。完成今天的 3 轮呼吸练习后，将气流集中吸向腹腔，手和手指的位置及姿势保持不变。潜意识中，留有一丝淡淡的空旷、虚无、失落。每天打坐 20 分钟左右，坚持至修习的第 15 天。

日记：

_____

_____

_____

日期 _____

第 9 天
直面虚无，不再逃避

感知

当不再需要逃避的时候，我们才能够真正跳离超脱出来。

沉思

感觉空虚是一件很可怕的事。生活失去了重心、方向，一筹莫展，只好选择逃避、远离。如何缓解这种不舒适的感觉？如何填充这种空白、虚无呢？

冥想

冥想过程中需要注意：背部始终保持挺直，不能下塌。正确的体位可促进积极的冥想，产生源源不断的能量。盆骨向前凸，保持脊柱部位自然向内曲。脊柱腰椎以下部位千万不可下塌。记住，开始每节修习前都要进行 3 个回合的呼吸，然后将气体吸向腹腔至整个身体内部。注意每一次呼气和吸气，但不要刻意做深呼吸。感觉气流充斥身体，刺激内心，焕发体内新的能量。手心向上，手臂、肩部保持放松，垂于腿部，脊柱自然向内弯曲。肩部、腿部肌肉略感紧绷，维持脊柱的位置。如果能够学会把盆骨向前送出，也就再无须用力维持姿势。今天，心中仍然是充满空洞、虚无，不过只是在潜意识里漂浮，若有若无。

日记：

_____

_____

_____

日期 _____

第 10 天
了无牵挂，心中空明

感知

德高望重的智者，脸上挂着意味深长的笑容，他说道："和你不同的是，我一无所有，也就不会再失去什么。"

沉思

现在我知道了在空洞、虚无的尽头深处隐藏着什么。我发掘出了一笔宝贵的财富。

冥想

颈部的姿势也是非常重要的，不可向前或向后倾斜，应该始终竖立，直向天空，同时手臂、肩部放松下垂。面部、眼睛也要完全放松。下巴略收拢。今天的修习中，同样以3轮呼吸开始。然后，向腹腔吸气，气体充满腹部；再慢慢呼气，呼出最大量的空气，如此循环下去，进行"完全的呼吸"。呼气的时间应达到吸气时间的2～3倍。挺直腰板，脊柱尾部以一定的弧度自然向内弯曲，盆骨前凸，始终维持该姿势。脖颈延展，头伸直，不可前、后倾斜，略收拢下巴。如果感觉姿势比较僵硬，做起来有点费劲，可休息片刻，平稳呼吸，然后再开始练习。整个过程中，控制好体位、腹腔神经丛、呼吸，并保证身心的完全放松。脑海中来来去去的思绪，聚了又散，随它去吧，心念千万不可为之牵动。

日记：

_____

_____

_____

日期 _____

第11天
简化生活，给心灵腾出空间

感知

一结复一结，缠绕反复，愈来愈长。

沉思

事情纷繁杂乱、错综复杂，有什么办法可以简化一些鸡毛蒜皮的小事吗？我为之费尽心思，光阴如流水般逝去，生活却仍然是一团糟，几乎让

我窒息，不是吗？也许是该腾出些空间了。

冥想

眼睛闭合、张开均可。张开眼睛时，最好是半睁，也可以完全睁开，盯住前面 1 米左右的地方。目光应聚合集中，不要散乱飘忽。坐在椅子上练习时，双脚平放于地，大腿与地面平行，双膝盖与盆骨平齐。采取坐式冥想时，如果姿势没有调整到位，会引起后背、膝盖疼痛。即使感觉不适或不自然时，也不能很快放弃，否则不能从中获益。从另一方面来讲，关于本阶段练习中的剧痛，一定要以温和的方式克服。假如疼痛不能慢慢舒缓消失时，就需要对身体的姿势做出相应的改变和调整了。随着时间的推移，你不会再感觉到疼痛；身体的伤痛、心理的恐惧也就迎刃而解了。今天的冥想任务就是控制身体的姿势、冥想的对象和呼吸。与此同时，背部或腿部的疼痛可能会不断发生，细心留意疼痛对精神和心念的影响。

日记：

_____

_____

_____

日期 _____

第 12 天
走出浑噩，寻找生命的意义

感知

目的地像一面反射镜，照出你一路走来的酸甜苦辣。

沉思

穷尽一生的时间追名逐利，寻求虚无的繁华，这就是我的人生理想吗？也许我要重新掂量一下最终结果。曾几何时，我分不清梦境与现实，浑浑噩噩，活得稀里糊涂。

冥想

冥想过程中，尽量使用鼻子呼吸，保持放松。从脚逐渐到脸，完全放松全身的肌肉，身体一动不动，营造出一片宁静祥和的氛围。吞咽唾沫、吸气、清嗓，等等，检查并排除一切可能干扰冥想的因素。要知道，练习过程中，人的触觉、嗅觉等感觉会变得格外灵敏，因此须事先对潜在的干扰予以清理。也许你会认为自己的弱点和缺陷隐藏得很好，实际上，这些阻碍因素总是能找出它们的具体所在，却让你对之充耳不闻，视若无睹。阻碍因素使你懒惰、散漫，六神无主，脾气急躁，反应迟钝，注意力很难集中，失去有条不紊的生活，自信心随之降低。"我做不好，我不应该是这样的。""我的努力都付诸流水了吗？""等我有时间的时候再做吧。"……诸如此类的阻碍因素可能导致你关注起一位疏远的朋友或亲戚，甚至对一些精神上的困扰开始努力寻找学术上的解决方法。今天，在思绪受到影响散乱之前，看看自己的体位、腹腔神经丛的白光和呼吸能够持续或停留多长时间。一旦产生干扰，应立刻意识到，并且慢慢重新回到冥想的状态，将注意力集中于呼吸和体位。

日记：

_____

_____

_____

日期 _____

第 13 天
身心合一，内外兼修

感知

身体和心灵，两者没有区别！身心合二为一。

沉思

高兴时，我精力充沛；如果身体的健康状况处于最佳状态，我的感觉也很棒。身体和心灵是不是相互联系的呢？是什么在控制和影响着身体和心灵？

冥想

挺直脊背，双腿略用力，颈部向上伸展，下巴微微收拢。身体的其他部位，包括胃部在内，都要放松。盆骨尽量向前倾，整个身体位置达到一定的平衡后，位于背部起支撑作用的肌肉也会自然放松下来，而不要你费多大力气。每天3个回合的例行呼吸后，维持体位、冥想对象、呼吸节奏不变，时刻注意身体，尤其是肩部，是不是处于放松状态。万事开头难，冥想修习也不例外。在经历过初开始的新鲜体验后，好像再没有什么特别明显的进展，这时候需要的是坚韧和恒心。好事多磨，所以一定要有足够的耐心，不屈不挠地坚持下去，不要怀疑所跟从的禅师，只是时机尚未成熟。

日记：

_____

_____

_____

日期 _____

第14天
叩问死亡

感知

探求内心。

沉思

关于"另一世界",我听过各种各样的观点。一个朋友曾经声称:我们这些芸芸众生,凡夫俗子,全部都是无名小卒,不值一提,在宇宙的苍茫、世界的辽阔中,不过是沧海一粟、自然界中一个转瞬即逝的偶然而已。死亡,只是陷入永久的睡眠而已!但是,我几乎无法想象什么是永久。有人说,我们还是我们,只是生活的地点变成了天堂——这听起来不错!有人说,我们活过一世,回归尘土,得到了应有的归宿。孰是孰非?如何得知?能不能让我在死前就弄清这些问题呢?通过什么方式得知呢?

冥想

今天,集中注意力控制体位、腹腔神经丛和呼吸,但是只是在潜意识中默默关注,慢慢生出一种快乐的感觉,包裹整个身体,充斥你的世界。别让任何思绪、念头产生干扰。在每日两节的修习过程中,从内而外滋生、升腾出欢乐的感觉。一直练习到出现一份新的感知和体验,把相应的内容记录在下面。

日记:

_____

_____

_____

日期 _____

第15天
在外在规则与内在本性之间寻找平衡

感知

山为何而动？

沉思

如果在现世所做的事影响到我在"另一世界"——来世的命运，那么现在应该怎样做呢？如果我遵从外在的规章法则，是不是就改变了自己本性？哪些改变了？哪些还一如既往？究竟为什么又要有这份似乎是莫须有的担忧呢？

冥想

如果有条件，最好找间单独的房间用来冥想。一个合适的地点对修习是非常有帮助的，最好安静、凉爽，装有落地式窗帘，可拉下来隔开外界纷扰。着宽松、轻便的衣服，使双腿感觉舒适，衣服的透气性也要好，因为冥想过程中，身体可能发热、出汗。今天将冥想时间延长至25分钟，整个过程中，以潜意识注意体位、腹腔神经丛和呼吸，并保持一种欢乐感。将这种感觉放到所有你认识的人身上，特别是那些你讨厌的人。在冥想过程中，如果觉得时间过得太慢或太快，那么就把这种感觉当作是自己的一种念头、一个想法，让它出现、停留、消失，迅速进入下一阶段，这样不断循环往复。

日记：

_____

_____

_____

日期 _____

第16天
找到开启心灵之门的钥匙

感知

你的秘密钥匙潜藏于内心深处。

沉思

我能想象有一把神秘的钥匙，可以打开一扇大门，拥抱光明，远离尘世喧嚣、纷争，将久久困扰自己的悲伤困苦、烦恼忧愁全部抛到九霄云外。要付出多少才能得到这样一把神奇的钥匙呢？或许要不惜一切？

冥想

今天将注意力集中于体位、腹腔神经丛、呼吸的同时，潜意识中保持一种渺小、卑微的感觉。有某个片刻相信自己与大街上任何一位路人一样平凡无奇，无论是达官显贵，还是贫民乞丐，你与他们无尊贵卑贱之分。在每节25分钟的冥想修习中，始终存有这样的心绪。

日记：

_____

_____

_____

日期 _____

第 17 天
以旁观的姿态审察内心意念

感知

应该试图去了解你自己，而不是别人。

沉思

我可以去学习、了解很多东西，可是如果我只研究自我，探索自我，直到悟出真谛，这需要多久呢？而我又能了解多少？

冥想

将冥想练习延长至 30 分钟一节。注意力集中于体位、呼吸、冥想对象时，潜意识中持一份温柔仁慈的怜爱。并慢慢将这种情感播撒，从自身开始，扩及朋友、陌生人，以及难以相处的人，乃至世间万物，一切有情众生。冥想过程中千万不要去计较个人得失。保持专注的状态、控制好正确的体位、呼吸。随着你摆放身体和控制呼吸越来越游刃有余，流畅自然，杂乱的思绪会悄悄潜入脑海，形成各种各样的画面、话语、内心独白等等，交织穿梭着。不要介入，不要试着去停止，采取旁观的态度，看着它们慢慢汇聚，然后悠悠散去。

日记：

_____

_____

_____

日期 _____

第 18 天
选择善良——一切美德之首

感知

善良和纯真这两种美德，像是心灵之扉的两个守护神。

沉思

感知是否就像坠入情网，只是发生在我们身上的个别事件，难以言传？也许只能可见不可触，如镜中花水中月；也许如一阵突如其来的激流，如此震撼，让我不得不认为它就是根本，就是真谛。这就是冥想？不期然叩击心房、激荡心灵？如醍醐灌顶，让你恍然大悟！感知从何而来？我怎样做才能够获得呢？我唯一能确定的只有一点，那就是拥有一颗善良的心。善良作为首选，我觉得理所当然，一点也不出乎意料。

冥想

每节修习 30 分钟，在此过程中，全神贯注，思维清晰。完全放松，控制好体位、腹腔神经丛和呼吸，对那些脑海中漂浮着的思绪，顺其自然，心神如蜻蜓点水掠过。冥想不是要咬牙切齿，费九牛二虎之蛮力的事，而是应在温和、轻盈的放松状态下进行。在冥想修习中，如果不小心注入一丝紧张，身体会自行抽动或者前后摇晃来摆脱干扰。不过，无须担心，这种情况只是暂时的。随着修习的深入，你逐渐学会了放松身心，这种情况就消失了。

日记：

_____

_____

_____

日期 _____

第 19 天
与善良同行

感知

与善良同行。

沉思

是什么遏制了我的善良心性？我知道，善良、谦卑、同情、慷慨、自我牺牲、自我约束都是美德，当我看到这些品质出现时，总是惊奇万分。然而太善良的人比较脆弱，容易受到伤害，我不愿意表现这种美德，其中大概也有这个原因吧。这就是我宁愿假装善良也不愿意真正善良的根源？如何结束这种内外不一的自相矛盾呢？也许，首当其冲的是要坦然面对，承认这只是一个借口，一种掩饰。

冥想

以 3 个回合的呼吸开始，将注意力集中于腹腔神经丛、体位和呼吸。今天，30 分钟的冥想过程中，潜意识里让爱的气息环绕左右，并将这种温暖的爱推及你所讨厌的人。此人可以是与自己关系长期不好的人，也可以是一位原本是朋友、但最近双方关系出现了问题的人。这似乎意味着妥协，令人不快，有时候甚至产生抵制情绪。要承认自己的真实感觉，但同时不可介入，留意这种倾向即可，然后开释这些倾向，任其自来自去。初习冥想的人在修习过程中，腿部可能会变得麻木。这是由久坐于垫子的体位引起，属于正常现象。盘坐时，很容易挺直脊背，双膝触碰地面，有时候，体内血液循环受阻导致麻木。为了避免这种情况，垫子不应太过柔软，要正对于尾椎骨摆放。这样双膝可平衡搁置，不容易出现错误的坐姿。

日记：

日期 _____

第 20 天
清理情绪，培养善念

感知

真正的冥想降临于心灵之门。

沉思

怎么办？我的心性本来就不善良。自私自利、谎话连篇、糊里糊涂，这就是我！充满欲望，总是希望事情如我所愿。与此同时，希望某些人某些事永远不要出现，一旦不遂我意，就怒火中烧。于是我就糊涂了，弄不明白体验这些的到底是谁？是我的身体还是我的心灵？我越来越沉溺于自我的情绪和精神状态中了。无论是高兴还是难受的时候，总是不断回味那种感觉，直到它变得浓郁、强烈，让我喘不过气来。这样的心理状态让我根本无法进一步提升精神世界。必须寻找解决的方法，建立善念，创造善举。我想要找出这样一种方法，必须学会并拥有它，可是在这种占有欲极强的意念下我能成功吗？肯定会因此恢复以前的一些坏习惯，如嫉妒、愤恨等等。真让我困惑，百思不得其解啊！

冥想

例行的热身呼吸后，控制好体位和呼吸，注意力主要集中于腹腔神经丛。然后旁观各种思绪升起，始终采用淡淡的观望态度，直到它们慢慢消散。找一个安静的地方，可以散步，可以骑会儿自行车，逐渐让冥想渗入日常生活。意识中思绪飘来散去，你只需静静注视，保持观照，无须将之

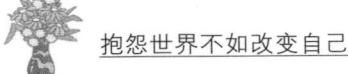
留存。比如说，看到一棵树时，不要告诉自己：这是一棵松树，或者这棵树会用来干什么。而要像走马观花一样，目光触及即可，然后迅速移开。开始冥想时先做这些，然后什么事情都不要想，默默骑车或者散步。第33天前，每天都修习30分钟。

日记：

_____

_____

_____

日期 _____

第 21 天
摆脱贪婪，博爱无私

感知

那些温和善良的人，一辈子默默无闻。他们去世后，周围的人会感到非常痛心，陷入对故人的深深怀念中。

沉思

贪婪永无止境，野心勃勃，侵占了心灵的每一寸领土。是不是有这样一种人：拥有善良纯洁的心，向世界奉献出毫无私心的爱，无欲无求，像伫立在尘世的一株清荷？毋庸置疑，世界上有这样的人，说不定我三生有幸，曾经与他们相遇。也许，会因此引起我的人生发生翻天覆地的变化。

冥想

例行每日3个回合的呼吸，然后继续关注自己的体位、呼吸，将注意力主要集中于腹腔神经丛，潜意识中始终存有一份游离若丝的情感。能够看着思绪升起、消散，而心神不为所动吗？散步、骑自行车时，保持沉默，不要开口说话，也不要想事情。例如，"我一定要记得今天该去银行"等等。尽量让内心寂静无声，不对冥想产生一丝干扰；将注意力集中于呼吸，随着一呼一吸，身体得到了净化。与此同时，对于身边出现的事物，应该不受其牵绊，视之如过眼云烟。这些修习不是一朝一夕间能完成的；而且修习也不会立竿见影，需假以时日，方能见效。

日记：

_____

_____

_____

日期 _____

第 22 天
思考生活，掌控自我

感知

深邃的思考给人以启迪；启迪则是深刻的思想。

沉思

我的生活就像是一系列的圆圈，不断堆积，呈螺旋式上升，如同一座高耸入云的城堡。过去发生的每一件事，都给城堡添砖加瓦，使之愈来愈高。当我辗转于尘世，历经各个圆圈的种种时，总觉得背后有一种无形的力量在操纵，推来搡去，有时候让我茫然不知所措。我想：如果这种圆圈层积被打断，会出现什么情况呢？

冥想

　　冥想最好成为每日例行之事，这样修习进展较快。滴水穿石，铁杵成针，需要的是坚持不懈的恒心和毅力。刀刃变得迟钝后，才开始打磨，刀刃很难恢复原先的锋利，甚至无药可救。还记得每节修习前3个回合呼吸的呼吸方式和体位吗？细心检查，确定自己没有遗漏其中的任何一个环节。隔些时日，都会在开始的练习中加进新的练习程序，热身变得越来越复杂，但不可或缺。在你冥想日益深入的同时，可借助于热身维持身心平衡和谐。今天，仍然将注意力集中于呼吸和体位。

日记：

_____

_____

_____

　　　　　　　　　　　　　　　　　　　　　日期 _____

第 23 天
放下忧虑，活在当下

感知

　　腾出一天的时间，完全遵从自己的心意活着，没有对过去的回忆，也没有对未来的期盼，无牵无挂，随心所欲。

沉思

　　冥想和精神启迪深不可测。我说不清楚它们到底是什么，但是我能肯定哪些不属于它们。它们不是因为不堪压力而对现实的无谓逃避，它们不是温室的花朵，经不起一丝风吹雨打，胆怯懦弱。它们像上天赐予的神秘礼物，我已静静等待了多年，一定会一见如故。我知道，当时机成熟时，它们就降临了，那一刻肯定妙不可言。

冥想

将注意力集中于体位、呼吸和腹腔神经丛，潜意识中让温柔仁慈的心环绕于周身。然后，温柔仁慈的心逐渐扩散，遍及世间万物。放弃的越多，得到的越多，这一点和金钱截然不同！如果有突发事件干扰了修习进程，也不要太在意。一年中是会有那么几天无法进行例行修习的。不要对阻断修习的事件耿耿于怀，应视之为过眼云烟，对于长远计划来说，不拘泥于有限的几日。冥想中，有很多事情可能会分散注意力，例如，体热、不断吞咽唾液、身体某些部位发痒、焦躁不安等等。随着你的注意力集中度越来越高，这些干扰因子会自行消失。

日记：

_____

_____

_____

日期 _____

第 24 天
命运可以改变吗？

感知

就像一颗流星，划过冬日夜空，璀璨的影像让人叹为观止，但终究只是转瞬即逝。

沉思

我能改变自己的命运吗？我很想知道自己的一生还剩下多少岁月。

冥想

继续集中注意力的同时，完全放松身心。值得提醒的是：不能过于专注于集中注意力，否则会不知不觉在体内形成一种压力，使身心处于难以察觉的紧绷状态。训练头脑专注是一件很困难的事，对于任何发生在头脑中的事情，不再采取漠不关心的观照态度，试着将之轻轻甩掉。随着冥想的深入，脑海中会浮现出好像很重要的事情，要你去思索。这是思维的小把戏，应加以警惕，不能真的停下来开始考虑，将它放到冥想修习之外吧。随着冥想持续的时间逐渐延长，你可能会听到奇怪的声音，看到稀奇古怪的景象。不要担心，碰到这种情况时，将注意力重新回到体位、呼吸上，睁开眼睛，深呼吸几次，各种奇特的影像就消失了。很多人在修习过程中都会遇到这类状况，不是什么大不了的事，无须担心。当然，如果把这看作是修习进展的迹象而不断尝试重现声音、画面，甚至开始宣讲、传教，就大错特错了。本来无足轻重的事情会成为冥想进展的绊脚石，注意力应集中于体位、呼吸、腹腔神经丛，其他事情都应被抛到九霄云外。

日记：

_____

_____

_____

日期 _____

第 25 天
从梦幻般的生活中清醒

感知

清醒！

沉思

　　人生的舞台上，我不断往返穿梭，由一个场景奔波赶赴向下一个。多么希望有一天，阳光可以穿透层层迷雾，照耀到我心中那片幽暗的树林，每一处空谷、湿地都可以受到阳光的滋润和爱抚。

冥想

　　3个回合的例行呼吸后，控制体位、呼吸，将注意力主要集中于腹腔神经丛。开始回想那些曾经给予你无私帮助的人们，他们不计回报，在你身陷逆境的时候毫不犹豫地伸出了援助之手。心中洋溢着感激之情，在今天的修习快结束时，让感激的对象弥漫遍及整个世界。冥想过程中，会出现莫名的情感涌动，让你有一股哭或笑的冲动，这属于正常现象。可以哭，可以笑，也可以边哭边笑。可能在哭泣中回忆起悲伤的往事，心中愈加难受；要注意，正是这些记忆分散了你的注意力。正确的方法是将注意力重新回到控制体位、呼吸、腹腔神经丛上，让想象中的白光弥漫整个身心。如果悲伤经过，让它过；如果喜悦经过，让它过，只要保持观照即可。

日记：

_____

_____

_____

日期 _____

第 26 天
乐于助人，不求回报

感知

　　为人慷慨，乐于助人，这是无上的自由！

沉思

我乐于助人，经常解救动物、昆虫于危难境地，甚至植物，只要我觉得有必要，都会为它们奉献出一己之力。在做这些事时，我既不是出于个人私欲，也不是为了做一个高风亮节的人，仅仅是想帮助它们脱离困境。无私的力量来自于心灵深处一个安静的角落，那里阳光普照，充满爱和慈悲，让我整个身心都洋溢着温暖的平和，没有任何负担，无拘无束。从而，我可以慷慨解囊，乐于助人，乐于布施。

冥想

集中注意力的同时，潜意识中存有一份发自内心的慷慨大方，虚怀若谷。修习过程中，始终带着乐善好施的意念。让这种感觉真真实实地潜入你的身体和心灵，而不光是持观望、想象。我们常在脑海中形成各种各样的念头、想法，并从中获得某种慰藉；事实上正是这种虚假的慰藉屏障了我们的眼睛，让我们无法看清现实真相。

日记：

_____

_____

_____

日期 _____

第 27 天
放开约束，自由发展

感知

真正意义上的纪律，其实不是加以约束和训练，而是任其自由发展。

沉思

纪律能从根本上改变我，让我改头换面，重新来过吗？可是我讨厌受到约束，不愿意循规蹈矩，那些个条条框框，几乎使我窒息。与每天做这做那，疲于奔命相比，我宁愿做一些自己想做的事，可是有什么用呢？我从不曾改变，因此还继续像陀螺般在生活中打转。也许真正的纪律不在于外在的约束，而是来自内心。这样换个角度看，问题可能会柳暗花明，有一条崭新的道路在等待着我。没有了规则的严格约束，以自由取代强迫，说不定这样的纪律实施起来会事半功倍，依靠人自身内在的智慧和自觉性，使生活变得更加轻松，有条不紊。

冥想

冥想不是信仰，不是运动，也不是应急之道。冥想是需要个人付出相当可观的努力和时间的。起初，你只是盲目行事，直到有所成效时，才会感到豁然开朗。因此，应制定好长期修习的计划，并严格遵照执行。开始修习时，内心是杂乱无章，起伏不定的，甚至不断反抗。心情好时，练习一下无妨；一旦心情恶劣，根本就不会记得有修习这回事！世事千千万万，莫不比冥想修习趣味盎然。人总是在永无休止地思索一些事情，你把思绪拉回来，它会再度逃开，就是不会出现纯粹的空无。今天，继续以往的例行修习，潜意识中试图挑战自己的意念，尽量使自己感受到一种无念无想的空无。

日记：

_____

_____

_____

日期 _____

第 28 天
顺应生命本有的节奏

感知

奋斗拼搏……如此拼命，如此奋不顾身。

沉思

有时候，我没有了雄心壮志，不想奋斗拼搏了，只想在沙滩上静静地躺下来，遥望人来人往，享受片刻的安适、平静；有时候，我充满斗志，马不停蹄，排除千难万阻向前进发。我不知道哪个才是真正的我，于是常常茫然失措，无所适从。

冥想

凌晨 3 点至破晓时分，这段时间有午夜的宁静，特别是那种空寂，使之成为冥想的最好时机。在此期间人更容易接近自己的心灵，明辨自己的意念。另外有利于冥想的时间就是在日出和日落时分，迎接清晨的第 1 缕阳光，送别傍晚的最后一道霞光，都可推进冥想的发展。实际上，任何时间都可以进行修习。不过，有时候人在进食后的一两个小时内会有点犯困，最好不要在昏昏欲睡的情况下开始冥想，所以这段时间内避免修习，除非你采用步行冥想法（本书稍后会具体讲解步行冥想法）。今天，还是继续以往的例行修习：3 个回合的白色发光体呼吸，将注意力集中于腹腔神经丛、体位和呼吸。

日记：

_____

_____

_____

日期 _____

第 29 天
保持愉悦、平静的心境

感知

一颗愉悦的心，一份平静的生活。

沉思

我好像在不知不觉中发生着改变。这可真是奇怪的事。爱、慈悲心、同情心、快乐、镇定，不期然接踵而至。昨天，在商店的过道上，我看到一位老人正挽着他孱弱且身有残疾的妻子，缓缓蹒跚而行。他那样温柔，小心翼翼，满怀着耐心，一定几十年来不离不弃，关怀备至……我不禁潸然泪下。

冥想

修习应规则有序地进行，这一点非常重要，有助于冥想形成一个循环不断的进展模式。修习过程中，会碰到难以跨越的鸿沟，诸如空无的感觉，就像是一堵密不透风的墙挡在面前，无法逾越，让你感到万般沮丧，甚至气馁。这时候，愈发要平心静气，一如既往地修习，坚定决心、按部就班方能保证冥想的节奏和步伐。多年来，意志消沉、厌倦的时候，对于负面的情绪你一味选择逃避，现在开始必须学着寻找思想的出口，释放心灵。勇于面对思想上的拦路虎，仔细分析并看清楚这些负面情绪到底对你的生活起多大影响。今天的修习中，如往常一样，保持脑海中的平静、安宁。

日记：

_____

_____

_____

日期 _____

第 30 天
爱融化、沟通一切

感知

爱一如钻石般璀璨、明净、稳定，熠熠生辉。

沉思

爱是什么？看到别人内心藏着对我的爱，感觉对某个人的反感逐渐消失，只有这些时候，我的心中才能生出一丝温柔仁慈的情感，即所谓的爱。不过，这种情感好像无法持久，很快我就重新回复如初，再次将自己密封起来，隔断了与外界的沟通和交流。

冥想

随着冥想的深入，厌倦、沮丧等种种情绪相继出现，左右着你的思想。大脑有自己的节奏，它总是喋喋不休地从一个主题跳到另一个主题，从一个念头跳到另一个念头，从某种联想跳到另一种联想，从某种心态跳到另一种心态。一切都应被视做过眼云烟，就像飘忽不定的思绪，让它们自行汇聚、消散。人生如梦，无数次的逃避，无数次的努力，只有冥想才是永恒的现实。尽管如此，如果你追求精神生活的意念尚未成熟，很可能不会全力以赴，冥想只不过是作为暂时的庇护，大脑很快就转向另外一种念头，另外一种心绪。这种情况下，更必须随时修习，像人要呼吸空气一样，让它成为生活中必不可少的部分。今天的修习中，静默地坐着即可。没有练习，没有呼吸，没有体位，没有腹腔神经丛，也没有思想，只有坐着，心无旁骛。感觉到的只是存在，而不是行动。

日记：

_____

_____

日期 _____

第 31 天
与他人和睦相处

感知

与他人和睦相处，平心静气地生活，不给他人带来伤害和痛楚。

沉思

我什么时候富于同情心呢？感觉悲伤，怜事怜物，心中就会涌出一股温柔的慈悲之情。好像总是在抚平伤痛，自己的或是他人的；总想睁大双眼，仔细端详这个世界，看清黑白是非。在目睹如许挣扎于水深火热的无助和痛苦后，我还能无动于衷，超然物外吗？能够放下傲然的态度，平静地克服心中的忧伤吗？也许，正是如此这般，悲天悯人的慈悲心就出现了。

冥想

冥想始终处于开放的状态，可包罗万象。许多新鲜奇妙的事物都可在其中占有一席之地。这些事物也许是你闻所未闻，想所未想的，但是它们能够折射出这个世界的变幻莫测。今天的修习中，留意当时当地发生的事情——即时情境，并将之融入脑海。在此过程中，无须练习或集中注意力。只是观照，你漠不关心地站在一旁，看着思绪升起降落，旧的思绪离去，新的思绪进入……

日记：

日期 _____

第 32 天
面对并接受本真

感知

乐极生悲，悲极生乐。不为欢乐所动，不为悲伤所恸，圣人如一株突兀挺立的苍松，孤独而高尚。

沉思

快乐是需要敏锐的洞察力和独特的感知力的。若能够为对手的成功感到由衷的欣慰，则一定是不计前嫌，抛弃了任何嫉妒的念头。但是人总是会产生忌妒心理，如何准确地理解这种心理并超越它呢？欢乐的感受可以平复厌恶的心绪，如何领悟其中的微妙之处呢？奇怪的是，有时候看到令人欣喜的事，心头并无欢乐的浪潮涌动。每次开怀大笑时，我都要追根究根：为什么要笑。只是感觉心头有暖流穿过，抑或，只是一种别样的收敛，以笑容掩饰真实的情感而已？

冥想

下一次的修习中会回归到专注力的训练。不过，今天，不要急着开启开悟的大门，暂且把脚步停一停。放松，持一份超然的心情，摆脱一切束缚，想怎么做就怎么做，做一回真实的自己。气定神闲，直接但深入地观照，面对并接受本真。

日记：

日期 _____

第 33 天
释放心灵，重获自由

感知

我不再害怕，因为命运掌握在自己的双手中。超脱于生死之外，内心一片清明。

沉思

静心是个神秘的词汇，也是一种奇妙的状态。曾经一度认为静心就是冷眼旁观，漠不关心；事实并非如此。当被慈悲、欢乐和爱包围时，它会是什么样的呢？不过，也不能将其与多愁善感、感情用事混淆，静心的含义要丰富得多，远在两者之上。独特之处在于，众生平等，无论是达官显贵、名流雅士，还是平民百姓、无名小卒，皆生而平等。应以此指导我平时的一言一行，传递出相应的信息。

冥想

从今天开始至第 46 天，每节修习的时间延长至 40 分钟。在 40 分钟的冥想过程中，彻底放松身心，进入宁静的状态，更深入地观照、触及自我。将注意力集中于腹腔神经丛、呼吸和体位。在整个过程中，让观照自然而然地发生，听着、看着、感觉着，像天空中的云来来去去，但是要不为所动，始终保持专注力。脑海中的影像和冥想像电影一样，许多画面不断呈现，然后消失，而我们自己就是幕后工作者，在背后放映电影。心中关于某件事考虑得太多时，脑海中会自然而然出现相应的场景，其实场

景是虚幻的、不存在的。虽然看上去非常真实，但只是由炽烈的情感和虔诚的信仰引起，不能信以为真。如果画面和个人信念有关，多半是心理压力负荷过重所致；如果画面从未见过，让人迷惑不解，很可能是某种暗示和象征，并不能代表思维构成。最好的做法是忽略所有影像，幻生幻灭，不留下一丝痕迹。很多人因此心猿意马，无法集中注意力，更执着于所追求的东西，寻寻觅觅，始终无法释放心灵、重现空无，也就难以获得真正的自由。

日记：

_____

_____

_____

日期 _____

第 34 天
以慈悲心对待世间万物

感知

重新认识并感知每一个微笑、每一滴泪珠。

沉思

如果仍怀有自私自利之心，那么如何拥有诸如爱、慈悲心、快乐和静心这些优秀的品质呢？是不是自我安全感不足，对自己不太放心？我要不择手段地追寻梦想吗？为了出人头地，置情谊、忠诚于不顾？答案到底是什么？

冥想

首先开始 3 个回合的例行呼吸，然后训练专注力。无声、空寂，心中一片纯净，充满温柔的慈悲心，对象遍及世间万物。世间万物皆有其苦楚与悲哀，都是值得同情的。

日记：

_____

_____

_____

第 35 天
脚踏实地，改造自我

感知

既不急于求成，也不行事拖沓，而是脚踏实地，坚定不移地向着目标前进。

沉思

没有什么事情让我深信不疑，我用质疑的目光打量一切，包括冥想。仔细分析利弊后，我觉得冥想不是一件容易的事。而且，我的思想和心绪常常充满矛盾，进退两难，根本与冥想所要求的原则背道而驰。这样的人进行修习不是让人贻笑大方么？是不是有点妄自菲薄了呢？希望是后者吧。下定决心，探索自我，我相信：通过坚持不懈的努力，肯定能够到达自由的港湾。

冥想

如同乌龟一样，虽然缓慢但是脚踏实地，一步一个脚印地向着目标前进。不能因为节奏缓慢而埋怨不已，挑战远不止于此，应平心静气，默默前进。好高骛远的梦想不过是镜花水月，无法企及。无论如何，你内心深处追求真理的热情都不应消退，毕竟不灭的热情才是获得最终胜利的有效筹码。耐心一点，循序渐进中获得永不泯灭的自信，更加坚定修习的决心。今天，将注意力集中于腹腔神经丛、体位和呼吸，同时留意繁忙的大脑以及其中喋喋不休的思绪。明白这样的道理：大脑进行思考只不过是在履行其职责，就像身体进行呼吸一样。不过，仅保持观照——思想、身体都与你无关。

日记：

_____

_____

_____

日期 _____

运用注意力

训练专注力的第 1 步就是学会利用注意力。将注意力集中于某个明确的冥想对象，有的放矢，就像拿着锤子去敲钟一样。以锤击钟犹如利用注意力锁定冥想对象；钟叮叮当当作响，犹如你全神贯注于该对象；铃声逐渐消逝犹如你的注意力分散漂移，开始转向其他事物；然后，你必须要再次击钟，重新集中注意力。这样循环往复，持续不断。开始时，注意力很难长时间保持专注，容易偏离，这是意料之中的，因为人的大脑一刻不停地运行着，总是从一个对象迅速进入另外一个。应不厌其烦地将思绪反复拉回设定好的冥想对象。本阶段的修习就是要不断地回复到初始状态。训练会让注意力集中的时间越来越长，从而有利于开展下一步的修习，即进入真正无杂念的专注状态。

接下来就要针对新的冥想对象，开始新的阶段。新的冥想对象就是冥想过程中的注意力。当一个人深入提高专注力时，身体、精神、心灵各部分的运转就会变得缓慢。就像给它们放一个假，让它们得到休息和宁静。身心彻底放松，大脑完全安静下来，不过也要张弛有度，避免精神过于紧张，影响修习。凭借觉知和观照，放松身心的同时训练专注力。

第 36 天
生命是一场永不停息的探索

感知

翻山越岭，穿越层层迷雾。

沉思

结交新的朋友，购买新的衣服、汽车，更换新的工作、住所；坚持、放手、等待……人总是活在对"下一个"的企盼中，翻越一座座山岭，克服艰难险阻，寻求着心目中的乌托邦。我不断告诫自己并使自己相信：美好的事物就在前方不远处，我的梦想之地一定是下一个山峰。可是每当我经过千辛万苦到达顶峰后，放眼远观，四周烟雾缭绕，隐约可见的总是"下一座"山顶。于是感到迷茫和惆怅，我要找的是什么？从何时开始如此漫漫的求索？是不是受到内心欲望的驱使，一时兴起还是出于好奇心？无论如何，去探求的决心都来势汹汹，具有不可抵抗的力量。好像命中注定一样，我别无选择。

冥想

先进行 3 个回合的例行呼吸。注意力的集中部位不是腹腔神经丛，而是鼻尖。吸气时，气流经由鼻尖内壁穿过鼻腔进入身体，吸气时注意该部位，呼气时放松。轻松地自然呼吸，不要刻意做深呼吸。现在注意力的中心已发生转移，鼻尖代替腹腔神经丛成为专注力新的焦点。不过，可能你的意识会不断倾向于将注意力回归到腹腔神经丛，如果真是这样，也不要勉强，跟随自己的觉知和意念而转动思绪。谨慎对待，人的思想是很奇妙

的，瞬息万变，容易产生误导，需要仔细地加以分辨。

日记：

_____

_____

_____

日期 _____

第 37 天
在痛苦中成长

感知

甜蜜快乐的时候，容易沉迷于安乐，迷失自我。

沉思

当生活一帆风顺，或者对挫折熟视无睹的时候，我从哪里才能获取教训、得到启迪呢？童年时期的生日宴会在记忆里已经变得越来越模糊，我几乎都想不起来确切的场景了；但是，孩提时代那只心爱的小狗在马路上被汽车碾过的悲惨画面却还历历在目，就像发生在昨天一样。那一瞬间镌刻进了我的脑海，成了不可磨灭的记忆。也就在那一天，我长大了。

冥想

接着上一次的练习，继续冥想修习。心中始终存有一份对自我的怜爱之情。你可以发现，与呼气时相比，吸气时更容易将注意力集中于鼻尖。如果呼气时因一时分心而丢失了感觉，没能控制好呼吸和专注力集中的部位，那么应停在那里，通过吸气努力将意念拉回，直到注意力和感觉回复原位。呼气的时间应比吸气长，除此以外，尽量保持呼吸的流畅自如。整个过程中，保持对鼻尖的关注，感觉气流穿过鼻腔，进入身体，带走了所有的烦恼和喧嚣，让人体得到洁净和纯化。

日记：

_____

_____

_____

日期 _____

第 38 天
明心见性

感知

自我、他人以及自然界之间相互联系，相互影响，相互对照，互为镜子，映照出彼此。

沉思

也许在某年某月的某一天，我恍然大悟，领会了许多事情，不再有任何仇恨、嫉妒的念头和想法，心中一片澄明。据说，人的念头和想法是先于言语而存在的，同样如此，言语先于行动，行动则决定了我们来世再生的命运。无论何时何地，我的心中都充斥着爱和恐惧，两者共存，占据了思想的所有空间。此刻，到底哪个才是我真正的内心世界？我绞尽脑汁，反复思考，希望能找到答案，这是一种自我认识。说不定这种自我认识可助一臂之力，促进修习，让我醍醐灌顶。

冥想

今天不做任何专注力的训练练习。取而代之的是，想象自己憩于热带

雨林中的一棵大树上，树下的那条路则是老虎的必经之径。然后，想象着每一头老虎经过后，你的脑海中会出现怎样的画面和想法。不过要注意，千万不能一时激动，从树上跳下去，试图尾随老虎，结果很可能就是你被捕获成为的它腹中物。只要看着一头头老虎徐徐而过，渐行渐远，在山中慢慢消失不见。如果脑中一片空白，没出现什么想法，那就静静地观察那条道路。冥冥之中，是不是还有谁正注视着这一切的发生呢？

日记：

_____

_____

_____

日期 _____

第 39 天
纵身一跃，完成跨越

感知

纵身一跃，完成跨越。

沉思

什么时候我可以抓住机会，放手一搏？就好像带着一双未曾飞翔过的翅膀，临风伫立于一座高险的悬崖，胆战心惊，不敢轻举妄动。殊不知，只有鼓足勇气，纵身一跃，方能展翅高飞。

冥想

将注意力回归到鼻尖部位，以最放松的方式呼吸，用鼻子吸气和呼气，感觉气的流动，让自己与柔和的一呼一吸协调一致；不要指望呼吸波动冲击鼻腔内壁；聆听呼吸的声音，保持呼吸慢而平稳，每一次呼吸，都寻找并体验一种新鲜、舒适的节奏。这种呼吸的调息方式叫作"鼻尖专注法"。让生命之气，即空气在鼻腔乃至整个人体经络系统畅通无阻，感觉身体的每一寸肌肤都在呼吸。在气流的流动中，不仅仅是肺，身体各部位都得到了净化和镇定。但是，注意力应始终集中于鼻尖区域，让思绪和意念若即若离，似有似无。如果有一个念头占据了你的脑海，分散了专注力，应立刻恢复清明的意识，慢慢将思绪拉回来。开始本节修习的最初阶段，注意力失去控制使思绪发生偏移是很正常的。

日记：

_____

_____

_____

日期 _____

第 40 天
在未知的黑暗中探索

感知

睁大眼睛，游弋于茫茫的心灵和思想世界，在未知的黑暗中探索。

沉思

生活经历、家世传统或胆略学识能够启发我，使我茅塞顿开吗？毋庸置疑，这些和启迪毫不相干。指望依靠这几样获得心灵上的满足，就像是为了新婚之夜而学习代数一样，两者之间是风马牛不相及的关系，没有对症下药，所以根本就是无济于事。

冥想

继续练习，将注意力集中于鼻尖部位。按部就班，每一节奏的动作都应做到位。呼一口气的时间大约是吸这口气的时间的 2～3 倍。呼吸过程中，不应有急促的感觉，呼吸自发进行。一呼一吸的同时，注意力集中于鼻尖内壁部位。潜意识中，整个呼吸应该作为一个顺畅的动作来做——就像一个波浪轻轻推动、消逝，稳定中渐进。

日记：

_____

_____

_____

日期 _____

第 41 天
以超然的心态对待苦难

感知

星星之火，点燃了全部的思想，引起了精神世界的熊熊烈火。

沉思

生命中，让我讳莫如深的莫过于各种悲惨和不幸——它们促使我奋进并成就了我，还是成了累赘并牵绊了我的脚步呢？这个问题我得仔细考虑。蛾不敢破茧而出，是因为尚未领略展翅振飞的自由？人生而自由，即使遭遇再多的苦难和悲痛，终究还是自由的个体。自由，不就是有灵性的万物共同的梦想吗？

冥想

　　随着冥想练习的时间越来越长，你可能想尝试不同的修习方式，把坐式冥想更换成步行冥想。选择步行冥想时，找一处僻静的所在开始练习，不可大张声势。毕竟，无论坐式冥想还是步行冥想，修习的步骤和节奏都是完全个人的事情。当然，集体修习另当别论。采用比平时走路稍慢的速度，慢慢地走，可向前也可向后。双手十指紧紧扣叠，放于背后，肩部放松，手臂自然下垂。眼睛向下看，不要左顾右盼、东张西望，目光始终位于前方两步远的地面。步行的距离在 20～30 步为宜，最好是东西走向，或者就是太阳升起、落下的方向（睡觉时身体的摆放也顺着这个方向，有益于身体健康和冥想的进展）。只要可以因时制宜，室内、室外的所在均可。行走的过程中，想停下来就停，驻足还是前行都根据意念而定，加强专注力并提高洞察力。继续关注呼吸，将注意力集中于鼻尖部位。透过鼻尖，看着自己的行走，留意脚接触地面的感觉并凝视你面前散落的足印。心中可默默比较，看看对于你来说，坐式冥想和行走冥想，哪个更容易些。

日记：

_____

_____

_____

日期 _____

第 42 天
精神与物质，两难选择

感知

　　生命为了活着而存在。活着，就要超越狭隘的自我，通往更为广阔的

世界。

沉思

如果现在的努力和付出真的可以改变我下辈子的命运，那么我的过人之处何在？应该注重保证家人物质生活的富足，还是应该更关注他们的精神世界呢？能够两者兼得吗？还是两者的发展严重失衡？做每一件事情的过程中，我都饱受这个问题的困扰，不知如何是好。任重而道远，一点也不敢掉以轻心。我是不是开始意识到整个生活的意义？这种贯穿生活始终的矛盾是否将引领我通往最终的自由？这不正是长久以来，我所苦苦追求的结果吗？比较棘手的不是行动的过程，而是行动者本身！大脑保持敏锐的警觉性，身体放松、放松、再放松……

冥想

重新回到坐式冥想，进行 3 个回合的热身呼吸练习，并采用"鼻尖专注力"的呼吸法呼吸。

日记：

_____

_____

_____

日期 _____

第 43 天
放下一切，轻松前进

感知

解开困惑后，我不再冥思苦想，放下一切，全身轻松地向前进。

沉思

当一件事不再让我迷惑不解后，我就会放开手，开始新的征程。兴趣消退后，我就要迫不及待地继续前进。最近我发现，很多事物，曾经一度占据我的心扉，心神往之，可是现在不再让我魂牵梦绕、耿耿于怀了！

冥想

鼻尖专注力的控制中，应在吸气时注意气流轻轻穿过鼻腔内壁。平静地呼吸，注意力集中于气流和鼻腔内壁碰触的部位。感觉气的流动，聆听呼吸的声音，这两点非常重要。呼气应畅顺而轻柔，确保已从肺部呼出了最大量的空气，慢慢吐出吸入的每一口气。大脑保持敏锐的警觉性，感觉到气流的吸进、呼出，但是不应匆忙或使劲，更不要让无关紧要的思绪出现，产生干扰。继续维持这样的状态。

日记：

_____

_____

_____

日期 _____

第 44 天
停止恐惧与彷徨

感知

等待。

沉思

对我来说，只苦苦等待是不是也担着什么风险呢？也许，不采取任何行

动，静观其变，也是需要莫大勇气的？当内心感到忐忑不安，特别是恐惧占据心扉的时候，人就会表现出暴躁、狂怒等偏激的行为。上班时，我四处奔波，忙得团团转，担心自己不够优秀，生怕分内的工作不能及时完成；下班后，又马不停蹄地赶回家，生怕浪费掉宝贵的个人时间，哪怕是一点点。如果有一天，所有的担惊受怕神奇般地消失了，我还会再受到伤害吗？

冥想

吸气时，将注意力集中于鼻腔，感觉气流的通过。即使是在训练专注力的过程中，也要知道这样做仅仅是提供一个总体的视角和体验，只是一瞬间的意念和感知。冥想时，如果感觉到有别的思绪干扰了修习，使得注意力偏离了冥想对象，应不动声色地将思绪拉回，重新回到原位。谨记注意力集中的部位，逐渐熟悉脑海中来来去去的念头和想法。实际上它们升起、消失的模式是有规律可循的，只要用心摸索，就可以控制它们。然后，因势利导，从而促进修习的进展。

日记：

_____

_____

_____

日期 _____

第 45 天
升华私欲，博爱万物

感知

海浪摇曳，潮起潮落，海滩边涌起欢乐的浪花。但是，美好的事物总是短暂的，白色的浪花很快融入大海。风平浪静，水天一线，好像什么都不曾有过。

沉思

要寻求真正的自由，就必须要找出束缚我的东西吗？如果我费了九牛二虎之力后发现，牵绊我脚步的正是那些我所珍惜的人和物，该如何是好呢？想要彻底获得自由，无拘无束，必须改变对这些人、这些事物的看法吗？那我怎样才能负起对他们的责任呢？也许是杞人忧天，又或者，修习中的某个时刻，我会获得新的感知和领悟。我对人和事物的重视和珍惜，能不能被看作是一种自私的占有欲呢？但是，有可能扩展升华，发展成为伟大的博爱，即无私奉献、不计回报的爱吗？爱就像一缕温暖的阳光，洒向世间万物，我视如珍宝的人和物不再是负累和禁锢，而是充满着跳跃的光芒，轻盈而欢快。

冥想

继续鼻子专注力的练习，将注意力集中于鼻尖部位。记得每节修习开始前，先进行 3 个回合的热身呼吸。

日记：

_____

_____

_____

日期 _____

第 46 天
在平凡的生活里不懈探索

感知

日复一日，没完没了，是不是命运对人的作弄呢？毫不起眼的石头经过不懈的打磨方能称为光洁无瑕的美玉吧？

沉思

生活波澜不惊，平凡无奇，几乎是要让人乏味。我千方百计想制造出点惊喜，希望生活可以有那么一点与众不同，可是终究只是空欢喜一场。就像沉睡于灯红酒绿，醒后发觉一切如故，不过南柯一梦。为什么我寻找自由的地点是这样一个所在？每次试图逃离，都不会成功，或者仅能获得短暂而肤浅的轻松，不过这会让我摆脱问题的决心更加坚定，不断尝试，不断针对问题寻找出新的解决之道。

冥想

从今天开始，每节修习延长至 45 分钟。如果愿意，可以再长些。不过要保证一天两节修习，每节至少 45 分钟。继续鼻尖专注力的训练，将注意力集中于鼻尖部位。

日记：

_____

_____

_____

日期 _____

第 47 天
正视真实自我，不再逃避

感知

一切创造力都来自于空无；一切不自由都来自于意念信仰。

沉思

你知道，我只是假装出一副冥想的样子。身体静坐在那里，其实我的内心如潮水般汹涌澎湃，渴望迫不及待地展开行动。因为只有事情接踵而来，让我忙得团团转，空无才无法乘虚而入。久而久之，不胜其烦，对生活原本的热情和企盼消失得无影无踪，整天无精打采。从无聊中抽身而出，这是我所擅长的。长期以来，面对枯燥无味的生活时，我都选择消极逃避，以至于从来不曾正视过自己空虚的精神世界。内心深处，我知道重新审视这种空洞将带我到达更深远的境界。但是，事实是，这种未知的境界似乎还在很遥远的前方，若有若无，靠我有限的胆略见识，几乎还只能可望而不可即。于是，我不禁想知道，如果什么都不想，把脑海中多余的一切都抛在一边，保持大脑本来的警觉和敏锐，会是怎样的呢？

冥想

继续鼻尖专注力的训练，将注意力集中于鼻尖吸气部位。没有烦躁的心绪，只有静静的冥想；没有行动者，只有行动，慢慢了解到冥想的真谛。记住：无论脑中出现什么影像，只需冷静地看着，不带任何判断或分析，没有任何责备或思索。在意识到它出现的第一时间，丢开它。看上去越重要的思想，越是要丢弃。注意力集中于平稳的呼吸即可。

日记：

_____

_____

_____

日期 _____

第 48 天
放飞心中纷乱的思绪

感知

浪花拍击着海岸后逐渐消退，重新隐入浩瀚的海洋。从来处来，到去处去，落叶归根。

沉思

今天，我在海边的沙滩上漫步。看着浪花轻轻拍打海岸，慢慢涌上来，又悄悄退去。我发现，竟然没有一朵浪花能够两次到达海岸。尽管如此，大海依然送来阵阵浪潮，浪花前赴后继，层出不穷。浪花与浪花是争先恐后还是携手并进呢？大海似乎不介意这些，张开双臂迎接一切。真的是海纳百川！

冥想

如果思维太过活跃，大脑总是喋喋不休地在想这想那，使你根本没有办法集中注意力，专注于鼻尖部位，可以采用数数的方法，慢慢地让心绪平静下来。具体的方法是：在呼气时，进行倒计时。例如，首先吸气，然后开始呼气时，数"10"；再吸气，呼气，数"9"，如此这般继续下去。吸气时，将注意力集中于鼻子；呼气时，默默数数，在脑海中出现数字字样。如果你没有三心二意，就能把数字按顺序数下去，否则就证明你在冥想过程中分心了。当修习进展得比较顺利时，你可能想挑战一下自己，从"100"开始向后数，同时也测试一下专注程度。本阶段的修习中，最好是以"20"作为起始数字，看看自己在摆脱杂乱思绪的静心过程中进步如何（如果数岔了，从头开始重数）。数完后，继续将注意力集中于鼻尖部位。时刻记住，呼气的时间应比吸气时间长。

日记：

_____

_____

_____

日期 _____

第 49 天
以严谨的态度生活

感知

有时候，沉默就像一座桥梁。

沉思

和朋友交谈时，如果谈话突然中止，出现了停顿，双方都无话可说，这种情况是非常让人尴尬的。除非我们彼此之间很熟悉，关系比较亲近随意，否则那种沉默似乎一下子就拉远了两个人之间的距离。我的生活一贯随意自然，大大咧咧，跟严谨完全靠不上边；不过，严谨到底指什么呢？生活在远离人烟的洞穴中，循规蹈矩？也许，严谨的含义远非如此；也许与我所能意识到的意义相比，其微妙的含义更加精微深刻？

冥想

继续鼻尖专注力的练习。今天，每节修习开始前，用倒数数的办法进行呼吸。由 30 开始向后倒数。

日记：

_____

_____

第 50 天
在喧嚣的世界中保持内心的宁静

感知

寂静的内心，安宁的思想，超脱于喧嚣繁华，一片芬芳静谧。

沉思

我终于明白了！奥妙之处在于，人的身体向上升起的同时是不能脱离于土地的，就像荷花出淤泥而不染，其芳香洁白孕育自泥泞的池塘。我也能做到吗？在安静的环境中，很容易保持心神平静，但是如果四周比较嘈杂，就很难完全静下心来。也许有一天我会发现，真正的心境与外在世界无关，它存在于一个人的内心深处，有它自己独特的气质和味道，即博大而永恒的宁静。

冥想

继续鼻尖专注力练习，将注意力集中于鼻尖吸气部位。今天没有必要一直数数，只在心神分散时，进行倒数，使注意力重新集中。

日记：

_____

_____

_____

第 51 天
孤独地寻找生命的真谛

感知

真理可贵。很多人为了追求真理不惜一切代价，甚至付出生命。

沉思

周围的事物每时每刻都在发生变化。我好像有点格格不入，无法完全融入周围的环境中，总是有点背道而驰。就像是一条上了岸的鱼，急切渴望回到水中的生活，可是却不知道家在何方。现实生活五彩缤纷，应有尽有，为什么我却感到如此孤独、寂寞呢？没有人懂得这种感觉吧。确切的感受我也说不上来，难以名状，因为连我自己也搞不清楚到底是怎么回事。

冥想

重新审视身体的姿势：坐直，脊背呈自然弧度向内弯曲，盆骨向前突起。双眼微闭，或者半睁，盯住前方 1 米左右的地面。脖颈应尽量向上拉伸，下巴略收拢。面部、肩部、腹部自然放松，双手手心向上，交叉叠放在大腿上。左手在下，右手在上，双手大拇指指尖轻触。另外一个姿势就是双手的拇指与食指分别对接成"O"状（莲花指），然后，拇指、食指相对，轻触，形成"OO"。注意：头部不可向前或向后倾斜；着装宽松清凉，不应太紧太厚，防止出汗。然后继续将注意力集中于鼻尖部位。

日记：

_____

_____

_____

日期 _____

第 52 天
学会倾听自己的心声

感知

思想追求自由，追求天马行空；盼望可以摆脱一切束缚，无拘无束。

沉思

我为什么不愿意根据自己的心意行事，随心所欲、率性而为呢？假如将要发生的事情糟糕透顶，那会是什么样的呢？如果，有一天，我可以不计后果地任意妄为，我会去做些什么呢？问题在于，当用感情代替理智指挥行动时，我不知道这些事是否会给我带来麻烦。我能随机应变吗？如何学会倾听自己的心声呢？

冥想

继续鼻尖专注力练习，将注意力集中于鼻尖吸气部位。今天没有必要一直数数。如果一直无法保持专注，可进行倒数，使注意力集中。

日记：

_____

_____

_____

日期 _____

第 53 天
淘尽黄沙始见金

感知

很多事物的发生和出现都会成为过眼云烟；而那些亘古不变的事物始终不朽。

沉思

我身上有没有那么一部分，这一部分不随时间、空间而改变，是永恒的呢？能不能确切地知道具体的部位呢？我感觉自己将不再孤单，前方的有什么在等着我。我无法向你证明这种感觉的真实性，但是我相信，一定有这样的等待，并且深信不疑。我知道，很多事情的存在超乎人的想象力，想要发现它们，必须放弃很多难以持久的东西，让短暂、虚无远离。只有这样，才能让更多的新事物进入我的生活，经过无数次的筛选和提炼后，剩下来的部分就是永远不会改变的，即永恒。

冥想

在冥想过程中，会出现很多稀奇古怪的现象。当然，也不是所有人都会经历这种情况。通常，这些现象并不意味着修习取得了进展，仅仅是修习中途会发生的事，出乎意料而已。虽然很有趣，让人很迷惑，但是应该立刻抛开，不能让它们扰乱心神。这些现象包括：身体不自觉地摇晃，脑海中出现各种各样的画面，耳畔还能听到交谈声、话语声。比如说，你可能看到 3 束光线，同时伴随着有人在讲话："我们会照顾你的！"这些情况会毫无预警地出现，让你猝不及防。如果发觉有任何不正常的现象，不要恐慌、迷惑，更不要试图去看清楚到底是怎么一回事。这些反常状况最好不要重复出现，让它们一闪而过即可，否则，会对修习产生负面影响。继续冥想，就当什么也没发生过。无论出现的事物多么奇怪、多么让人害怕，一定要表现得若无其事。感受自己的一呼一吸，将注意力集中于鼻尖部位。

日记：

_____

_____

_____

日期 _____

第 54 天
耐住寂寞，潜心修炼

感知

有时候，一个眼神也会破坏整个局面。所谓一着不慎，全盘皆输。

沉思

如果处于进退两难的境地，犹豫不决，无法做出决策时，我会感到非常痛苦！在登上舞台，拉开帷幕，一展风姿之前，最好先做好充分准备，从观众席上离开，同时也放弃自己的观众身份和视角。

冥想

前段时间是将注意力集中于某一个特定的冥想对象，随着修习的深入，用鼻子呼吸，并逐渐把注意力转到对呼吸的感知上。在一呼一吸中，你可以进入更深层的冥想和静心。

日记：

_____

_____

_____

日期 _____

第 55 天
清心寡欲，知足常乐

感知

对于神秘的未知世界，应该满怀好奇地接近，而不是畏首畏尾，惧于行动。

沉思

据说，思维散乱、不够严谨的人进行冥想修习会给身心的健康发展带来一定的风险，但是我已经踏上静心的征途，并且安然无恙。真不知道自己到底是怎样的人。我是不是清心寡欲、温和、善良的人呢？不会贪得无厌，而是知足常乐？每次这样想的时候，还是觉得很安心。一个不近人情的人，感觉迟钝，心灵麻木，能够一直这样平心静气地进行修习吗？

冥想

一些体验可以在身体和心灵间架起一座桥梁，让身体感应心灵的呼唤，让心灵更好地接受身体的信息。本书稍后将对此作详细讨论，也许你身临其境，曾经经历过类似的感受。如果人的注意力长期集中于某一个固定的对象，并且不断重复，久而久之就会产生这种反应。今天，继续鼻尖专注力练习，将注意力集中于鼻尖吸气部位。

日记：

_____

_____

_____

日期 _____

第 56 天
唤醒沉睡的灵魂

感知

活着的时候追名逐利；离开人世的时候，却两手空空——没权没钱，

也没有大彻大悟，就这样稀里糊涂地进入了另一个世界。

沉思

人们常说：金子般的心灵。多么有趣的表述啊！金子冰冷又沉重，正像我的心，麻木、迟钝又负累重重。我要怎么做，才能让心中的冰雪融化，将负担抛在身后，在人生的道路上，重新一身轻松地出发呢？而且，我能够鼓足勇气，把心中的喜怒哀乐都释放出来吗？

冥想

进行例行练习：3 个回合的深呼吸，然后将注意力集中于鼻尖部位。确实，训练头脑专注是一件很困难的事，因为它会不断地反抗，不断地回到旧习性。你把它拉回来，它又再度逃开；你再把它带回你专注的主题上，然后突然间你发现自己正在想别的事情：你已经忘了你要专注的事。总而言之，难以把握其转动的轨迹。

日记：

_____

_____

_____

日期 _____

第 57 天
立刻行动起来

感知

立刻行动起来！不要仅在书本中或是从禅师那里获取有限的体验。说得再好，终究还是纸上谈兵，不如实践来得更有说服力。

沉思

有些事情会出现在面前并停留，让我仔细打量吗？有些事情毫无来由，也没有去向。有些事情不知道什么时候开始，开始后就没完没了，离结束遥遥无期。还有一些事情深藏于我的内心有待发掘吗？多想撩开面纱一睹其庐山真面目，好好欣赏一番它们的光彩。如果要做到这点，思想必须非常纯洁，内心要非常柔软吧？

冥想

随着你掌控呼吸和集中注意力的熟练程度越来越高，修习进行起来就越来越游刃有余，种种疑问和怀疑烟消云散。自信心也与日俱增，冥想越来越深刻。自我慢慢消失在你的意念中，身心可以完全放松下来，在修习中享受没有嘈杂、纯粹空无的宁静，不是像修习最初那样感到力不从心。将专注力紧紧锁于呼吸，感觉空气经由鼻腔，进入身体，化作一股生命之气在体内流动，让人处于一种和平宁静的状态之中。然后，继续将注意力集中于鼻尖部位。

日记：

_____

_____

_____

日期 _____

第 58 天
清理记忆，思考自我

感知

过去的所见所闻留存于记忆，就成了一个人积累下来的知识财富。所以，知识也不完全是争取得来的。

沉思

　　我经常思考些什么问题？也许是对美好生活的规划和期盼。有时候，我也会想到我碰到的难题、困境，或者摸索自我提升的途径。实际上，只要有意识的存在，我就会不断思考，在脑海中反复掂量，不过思来想去的对象和内容却总还是自己。为什么"我"——"我"的智慧、"我"的精力、"我"的好运等等，会如此吸引我的注意力呢？凭借着"我"的这一切，我在社会上出人头地，成为成功人士。但是如果有一天，江郎才尽，年老体衰，好运也不再降临，那么我还剩下些什么呢？而让我如此依赖、如此着迷的"我"又是什么呢？如果这个"我"消失了，该如何是好呢？我相信，这本书一定可以帮我找出答案。

冥想

　　注意力集中于鼻尖部位的呼吸调息不可懈怠。在此过程中，你的大脑总会有片刻停止运转，那一刻，没有时间，没有空间，只有一片空无的宁静，即无觉知状态。有时候你认为自己对某事了如指掌，这种想法只不过是对自我的一种映射。其实，记忆中存储有一些相关信息，这时候会作为知识出现在你脑海中。只是曾经发生过的事实，已经成为过去的事情，仅此而已。已经发生的事情是永远不会再改变的，而你所追求的东西是绝对不会存在于一堆无法更新的信息中的。逝去的岁月带走了时间，也带走了记忆和知识。那些你孜孜以求的事物只会出现在浩瀚无边而又瞬息万变的时刻，没有时间的汩汩流失，没有自我的絮絮唠叨，宁静中，只看到创造力源源不断而来。

日记：

_____

_____

_____

日期 _____

第 59 天
铲除内心的犹豫和怀疑

感知

梦境与现实，两者交织游离，仿佛触手可及，伸出手，才发觉是镜花水月。这就是我们的生活。

沉思

有时候，感觉生活失去了重心，应付起来有力不从心的感觉，而且也毫无成就感。一路磕磕绊绊而来，日子迅速退回到过去，仿佛什么都没发生过，如雪泥鸿爪。逝者如斯夫！我这样活着究竟有什么意义呢？

冥想

初学冥想，可能会有诸多不满，经常感觉枯燥无聊，提不起兴趣。这时候，怀疑乘虚而入，让你对修习失去了信心。其实，是大脑的自我防护机制在作用，使你进行冥想时并非是心甘情愿。质疑可能以形而上学的形式出现，你对自己提出一些空无的问题：宇宙是否永恒？有灵魂的存在吗？人死后还能活在下一世吗？而你却不自知这些问题不过子虚乌有。你如饥似渴地阅读大量书籍，希望书本可以给你提供比较满意的答案。来自书本的答案却不尽相同，大家见仁见智；而且各种观点之间会出现分歧，甚至截然相反，根本无法统一，让你无所适从，反而更加迷惑。直到对问题和问题的对象有清楚的认识前，这种状况会一直持续着——你无法找到答案，因此苦恼不已，觉得要发疯了。冥想则会带来长久的宁静，帮你摆脱备受困扰的内心和思想。当你最终发现这些问题的答案无关紧要时，一个伟大的时刻就到了，那是生命中最有意义的时刻。问题逐渐消解，消失，大脑被更重要的东西占据着，再也没有怀疑存在的空间。在质疑产生的最初，你可能只注意到整个冥想过程的漫长和无聊，修习仿佛波澜不惊地进行着。修习中，会不可避免地出现这种空洞的阶段。其实，在不知不

觉中，笼罩你的重重疑云已逐渐变淡、消失。一定要知道，静心的努力不会付诸流水。即使暂时没有显著的成效，但是从长期来看，冥想无疑会对精神世界产生积极的作用。从这一点来说，冥想的意义深远。判断是否取得进步仅依靠人的感觉来是不可行的。所以，不要试图评价自己的成绩。重要的是要付出努力，脚踏实地地实行每节修习。继续注意力集中于鼻尖部位的呼吸调息。

日记：

_____

_____

_____

日期 _____

第 60 天
尝试从新的视角看问题

感知

为什么会有如此多的人、事、物？为什么不是一片空荡荡呢？

沉思

脑海中的确有几个根深蒂固的问题，让我无法释怀。如：生活的目标是什么？是不是矛盾的统一体呢？我为什么活着，难道就是为了承受痛苦吗？当然，肯定还有其他一些原因，也许和某些事相关。能不能置这类问题于一旁，不加过问呢？终有一天，这些问题会自行变得无足重轻，我能相信并放手吗？或许，禅师说的没错：终有一天，我将不再需要答案。是谁心中存有疑问并发问的呢？那时候，我会发现现在的疑惑根本毫无价值。

冥想

　　冥想的成效是循序而渐进的，非常微妙，很难察觉。每日的例行修习中，由点滴处感知，慢慢积累，有一天你会突然间恍然大悟，能够事半功倍地进行练习；而且视野一下子变得很开阔，让你从一个崭新的视角认识问题，比如变换自己的情绪等。也有些时候，冥想的作用十分深刻，给你的生活带来巨大的变化。脑海中会出现各种各样的画面，五彩缤纷，间或有明亮的白光闪过；耳畔还能听到震耳欲聋的轰鸣声；仿佛还听到有人在说教，口中念念有词。对每一种体验都保持观照，看着头脑中的思想经过，欲望、记忆、梦想、幻觉一一经过，只是远远地站着，冷静地看着它。实际上，无论冥想中出现的种种影像是否虚幻，细微的或巨大的，体验这些就像沿途看风景，虽然脚步慢下来了，但是旅途会因此更有意思，而且同样可以到达目的地，可谓一举两得。继续将注意力集中于鼻尖部位的呼吸调息。

日记：

_____

_____

_____

日期_____

第61天
发掘自我本源

感知

　　懂得外部的一切都不过是过眼云烟；懂得我们自身才是根本。

沉思

　　毫无疑问，从某种角度上来说，冥想这种静心方式比较独特。尽管有

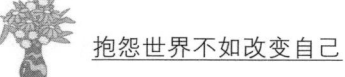
别于任何宗教和信仰，但是冥想不会与之产生冲突，完全可以相互交融。可以帮助我超越自我，使我更接近真实的本真——与生俱来的，不是由我创造的，也不需要让我来创造。没有开始，没有结束，却一直在那里。人们对之有各种各样的称呼，我喜欢那些简单的叫法，比如"本真"、"本源"。众人在名称、叫法上可能很难达成共识，但是这样深妙的事情无论如何不是一言可蔽之的，也许其中的含义真的只能意会不可言传吧？

冥想

　　冥想过程中，人的内心深处可能滋生出对疾病和死亡的恐惧情绪。这类情绪应及早排除，迅速恢复平静的心态有利于修习的进展。过去，你总是尽力掩饰这种恐惧，从来不曾勇敢面对。现在，必须直视它并克服它！脑海中会出现各种各样的画面、光线，耳畔听到的各种声音等一切所见所闻，应保持冷静地观照，在不动声色间让它们离开、消失。始终将注意力集中于呼吸调息。恐惧的根源是没有真正了解自我，误解了自己，你可能并不是你所想的你，也就是说你脑海中的自我形象是不正确的。今天的修习中，每次呼气后，运用倒数数技巧检验注意力集中程度。由 100 开始向后数。如果数错了，从头再来，直到将 100 位数都数完。然后，回到注意力集中于鼻尖部位的呼吸调息。

日记：

_____

_____

_____

日期 _____

第 62 天
意外之事打开启迪之门

感知

精神世界开始是一片混沌，后来逐渐变得规则有序。

沉思

我的生活有条不紊，严谨有序，几乎无插缝之地，但是思想的种子就这样在罅隙间破缝而出。天有不测风云，人有旦夕祸福。可能遭遇事故、疾病，甚至死亡，但正是这些意外之事提供了契机，在我们面前敞开了一扇大门。不过，我为什么不能踏门而入呢？

冥想

人喜欢回忆，喜欢做白日梦，喜欢想入非非。冥想时，脑中一片空白，心也完全静下来，什么都不想，好像一点意思也没有。你认为这一刻应该是空白的，就费上九牛二虎之力让大脑停止下来。因为这种空白不是自发而生的，所以你会发现思绪持续地飘散开去，注意力很难集中，需要不断地将它拉回来。进行鼻尖专注力练习时，要留意 3 个方面。第一，冥想对象，即鼻腔内壁气流通过的部位；第二，专注、新奇，身心合一，跟随着冥想的节奏调节身心；脑海中出现的事物要以新奇的目光从全新的视角打量；第三，保持高度的敏锐度和警觉性，就好像要提防刺客手中的匕首，时刻保持警惕，全神贯注。

日记：

_____

_____

_____

日期 _____

第 63 天
世事多变，生命无常

感知

专注、观照、感知。这三者相辅相成、密不可分。

沉思

不可避免的死亡、痛彻心扉的失落、惊天动地的悲惨和惊心动魄的醒悟，美再怎么让人叹为观止，总是会遭遇种种不幸。人生无常，每当想到这些，我都情不自禁而潸然泪下，这就是事物的本质吧。伤感的思绪在脑海徘徊，对事物本质的惊鸿一瞥，直接触动我的内心，让我不断地发掘自我，改变自我的价值观，使生活进入一片从不曾涉足的领域。我如何因势利导，将体验升华以便更接近开悟呢？

冥想

继续鼻尖部位专注力的练习。重新审视体位，加以修正，同时彻底放松身体。开始练习前，不要忘记首先进行 3 个回合的呼吸调息。

日记：

_____

_____

_____

日期 _____

第 64 天
让心中充满对生活的热爱

感知

睡眠与对生活的梦想相比，更真实、更深邃。

沉思

每当从一个噩梦中醒来，我总是舒一口气，感觉非常庆幸：幸好只是一场梦。生活本身是不是也是一场梦而已？那么该有多少层梦境呢？有时候，我希望自己能够从这梦境中醒来，一切悲伤不幸，不过是做了一场噩梦。也许在下一世，才会有此机会获得这样的感受；也有些时候，我的心中充满了对生活的热爱，希望长生不老，生活没有止境地延续下去。但是，生命终会结束，然后呢？

冥想

现在开始，提升鼻尖部位专注力的练习。想象着海浪不断拍打、冲洗沙滩边的岩石。与此类似，每一次气流通过鼻腔，就像海浪冲刷、清洗岩石。吸气如同海浪拍岸而来；长长的呼气则是波涛离岸而走。注意力始终集中于感受呼吸和岩石，即鼻尖吸气部位，千万不能跟着起伏的波浪，思绪随着一呼一吸飘散开来。不过，要留意区分波涛涌起和退去的方向，即吸进和呼出的气流，让每一次呼气、吸气的区分都很明晰。需要注意的是，呼气应缓慢而彻底，且深长，要比吸气的时间长。每次呼吸后，只作一刹那短暂的悬息，然后吸进新一口气。感受每一次呼气后的短暂停顿，此时，呼吸以及呼吸涉及的相关部位仍然是注意力集中的主要对象。

日记：

_____

_____

日期 _____

第 65 天
追随心灵而不是大脑

感知

爱的发生非常奇妙，人无法加以控制。

沉思

我发现一个有趣的现象：所谓一个人的远见卓识、真知灼见说到底不过是虚幻，而且这种虚幻竟然侵占整个脑海，模糊了视野，让我无法看清现实。也正因为这个，在精神修炼上，我犹豫不决，迟疑再三。前方的路还很漫长，我决定跟随自己的内心而不是头脑的聪明。幻生幻灭，让一切成为过眼云烟，绝不留恋。如果能切实做到这一点，并且明察秋毫，分清虚幻和现实，我一定可以找到真正的自由。

冥想

现在你的专注对象有 3 个。第一，感受一呼一吸中气流穿过鼻腔内壁（对呼吸的感受是至关重要的）。第二，意念紧紧追随着吸气和呼气，并严格加以区分。随着气流冲刷过鼻腔，到达身体的每一个部位，仿佛给身体带来一股洁净的生命之气，在心中产生一种稳定感，让人处于和平宁静的状态之中。第三，注意力始终集中于气流跟鼻腔内壁接触的部位。但是千万不能让呼吸牵引着注意力，否则，太过注意吸气和呼气，容易使呼吸变得急促、不自然。潜意识中只要保持一种观照，知道呼吸的存在即可。呼出一口气的时间要比吸进这口气的时间长，同时注意每次呼气后短暂地停顿，只作一刹那的悬息。

日记：

_____

_____

_____

日期 _____

第 66 天
凭直觉和感情生活

感知

凭着直觉生活的人理解生活；凭着感情生活的人则收获生活。

沉思

直觉不断说服我向前进，而前进的方向却是与理智背道而驰。本能的直觉力仿佛很渺小，毫不起眼，无声无息，悄悄地隐藏于内心深处。不过，在不经意间它会以排山倒海之势爆发出不可抵挡的力量。直觉总会表现出下意识的语言和动作，在逻辑控制的思维下，其微弱细微声势和力量几乎隐而不现，很难察觉。因此，在采取行动前，我总是要仔细辨别，再三思量，到底应该是遵从情感的意愿还按照理智的指挥行事。每一朵创造力和洞察力的奇葩都孕育自这种看上去弱不禁风的感情之音。而逻辑，即理智则告诉我具体入微的操作方法和过程。

冥想

冥想过程中，很重要的一点就是要全身心投入，聚精会神地保持观照；对于脑海中屡屡升起而又消散的思绪，任何时候都要视之如初见。但是，时间转瞬即逝，你根本没有空闲来思考出现的事物，它就已经消失了。在那一刻，不要试着去判断，只是带着内在的宁静坐着、听着、感

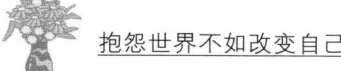
觉着、观看着所发生的一切，这种宁静就像广阔而空明的天空，却带着生命的震颤，并且逐渐与你的生活融为不可分离的一体。而且，很快你会发现，冥想才是生命最直接的表现和展露。在户外进行修习时，尤其是处于大自然的阳光雨露中，一定要让大脑呈现一片纯粹的空无。也许你会发现你正在与自己进行着许多不同的语无伦次的对话，其实正是这种不停地唠叨将我们与生命中宝贵的片刻隔离，并阻碍着我们去享受生命给予我们的每一个宝贵的时刻。种种思绪、意念、对话都应停下来，你静静地看着头脑的各种动作经过。冥想的理想状态就是在修习过程中始终关注着并感受呼吸。在不知不觉中，你学会了区分思维的正反两面。有些想法是积极的，可帮助你分析事情；而另外一些想法则会蒙蔽双眼，让你失去正确的判断力。具有相应地辨别能力后，原先根深蒂固的思维习惯自然而然消除，人的整个观念发生变化，呈现出崭新的面貌。很快，愤怒、占有欲、贪婪等逐渐退出心灵的领地。然后，你的心中还剩下什么呢？一片纯净！内在的天空就像不曾被任何事物触及，没有被玷污，也没有留下痕迹。继续进行鼻尖专注力的练习。

日记：

_____

_____

_____

日期 _____

第 67 天
放开一切，得失两忘

感知

苦难、悲痛存在于世界的每一个角落。

沉思

当我渴望某样东西，无论得到还是得不到都无法轻松。得不到时，心中充满向往，望眼欲穿，翘首以盼；得到后，因如愿以偿而欣喜万分，可又担心失去，提心吊胆，郁郁寡欢。最后，我发现自己正使出浑身解数死死守住并保护拥有的一切，无法释怀。从某种程度上说，我自己囚禁了自己。因为要是现在没有拥有这些东西，我会觉得自己一无所有，根本无法品尝欢乐。我成了我自己的奴隶。当然，时过境迁后，我会对这些东西厌倦，甚至想摆脱它们，一身轻松地生活。但是，如果到时候没有办法抽身而退，我该怎么办？或许，愤怒该乘隙而入了。

冥想

除非感知力提升，否则在冥想这种形式的静心修习中，心中总会存有种种疑问和不解，而你永远无法抵达答案的彼岸，触摸其所揭示出来的真谛和本质。真谛来去如风，你根本抓不住、留不住。除了感受呼吸外，心中别无他物时，那一刻是空灵的、纯粹的；这一刻也就是真谛，也就是本质。过往已一去不复返，而未来还飘忽不定，只有现在、眼前，此时此刻才是根本。继续进行鼻尖专注力的练习，将呼吸集中于鼻尖呼吸部位。

日记：

_____

_____

_____

日期 _____

第 68 天
痛苦并快乐着

感知

我们活着，如此痛苦；痛苦如此巨大，无穷无尽。这痛苦源自何处？
渴望。

沉思

获得某种成就时的那种感觉是非常美妙的，兴高采烈，酣畅淋漓。但
是，好景不长，成就难以持久，总是如梭似箭，非常短暂。很快就会滋生
出新的渴望，新的期盼。我马不停蹄地不断赶追着新的希望。为什么不能
永远保持快活的心情，而不是患得患失，只有短暂的快乐？到底是什么阻
断了我去享受生活的每一刻？

冥想

精神世界也会野心勃勃，要警惕这种非常微妙的急功近利。安静地坐
着，伴随左右的只有谦卑、同情心、宽容和自我牺牲及自我约束的心态。
继续进行鼻尖专注力的练习，将呼吸集中于鼻尖呼吸部位。

日记：

日期 _____

第 69 天
认识人生痛苦的根源

感知

结束痛苦的方法其实很简单。第 1 步就是认识我们所受的痛苦，看清对象，对症下药。

沉思

我这个人身上充满了没有止境的矛盾，如何将它们消除呢？生活中，每天都要做出成千上万个决定和选择。通常都是自相矛盾，难以取舍，最后的结果还难以差强人意。想起来就气馁沮丧，为什么生活中要有这么多抉择呢？也许这就是生活的本来面目，波澜迭起，时起时落；但是我更喜欢风平浪静的生活。不过，生活肯定是要面对的，无处可逃。也许我还没学到人生中的重要一课：人，活着总会遭受这样那样的罪。或者我不应该太注重选择的结果，过程是最重要的。赢了就高兴，输了就无法承受。为什么我总是患得患失呢？欲望没有尽头，正如人要不断做出选择一样。

冥想

认真修习，心中没有特别的奢求，不计回报。不可急于求成，应脚踏实地地进行冥想。静坐，让安静祥和的气氛环绕于你。脑海中出现的种种思绪不再是你的敌人。思考是大脑的本能活动，也是大脑的责任，可维持身心健康，避免身体受到伤害。从现在开始，保持淡然的观照即可。脑海中出现的任何想法和思绪经过时，就像一个旁观者看着。无论看见什么，都与你无关；你能看见思想，然而那不是你的思想；你能看见感觉，然而那不是你的感觉。逐渐脱离出来，冷静地旁观。记住，你的身体，你的思想都是瞬息万变的，所以不要太过执着于一时的状况。继续进行鼻尖专注力的练习，将呼吸集中于鼻尖呼吸部位。

日记:

_____

_____

_____

第70天
停下匆忙的脚步，思考人生

感知

有一种特别的痛苦，独一无二，可以帮助人终止所有的痛苦。

沉思

也许我真应该停下来平心静气地想一想。首先承认，然后试着去了解我所有的懊恼和郁闷。弄明白了痛苦的根源，大概就可以不再感到痛苦了。用点心思，仔细地分析一下，或多或少可以在我的内在世界发掘出潜藏着的某些品质。我知道，这不仅要心智健全，而且要更深入地看待问题，透过表面现象看事物的本质。毋庸置疑，这就是冥想的过程，也是修习的目标之一。

冥想

反复将思绪拉回来，感受鼻腔部位和身体的呼吸。把呼气和吸气想象成海浪，不断冲上岸来，洗刷着沙滩上的岩石。知道海浪（呼吸）的一举一动，但是注意力应始终集中于岩石（鼻腔），感受该部位的呼吸。心中不可存有一丝企盼，比如说希望这种修习可以带你到达更深的境界。呼吸着，感受着，仿佛世界在这一刻定格成为永恒。单纯地修习，不带任何私心。如果能够完全静心地冥想，假以时日，这种修习一定会带来意想不到的结果。但是，如果你一直等待、盼望成绩的出现，修习就失去了它的本真和意义。也就是说，你无法让放松、宁静进入自身，你失去了生活在每一个片刻的自由。

日记：

_____

_____

_____

日期 _____

第 71 天
给忙碌的生活留下一些空白

感知

重重构建的空间，或是纷繁复杂的生活中，一旦出现空白，很快就被填补，塞得满满的。

沉思

我们生活的家园——地球，不过是茫茫宇宙中的沧海一粟，围绕着太阳转动；而在偌大的银河系中，像这样的太阳数以亿计，我们的太阳不过是其中的一枚；浩瀚宇宙中，如银河系的星系更不计其数；而我们生活的宇宙外，可能还有成千上万个类似的空间。谁知道有多少超乎想象的东西存在着呢？时间和空间广袤无垠，深不可测，不是我们能理解的。据天体物理学家推测，宇宙从很微小的物体衍化而来。可能就像豌豆那么大小的东西，几乎可以忽略不计，然后从无到有，逐渐壮大。智者圣人们也同意这样的观点，认为由无生一，进而生万物，然后万物回至无。循环往复，这就是规律。对世界了解得越多，我就越迷惑，在科学和精神间徘徊不定。但是真正的问题无关乎宇宙，而是来自我自身。能不能就让生活中的空白就那样空着呢？不要试着去填补。当行动不再受制于思想时，我也许能做到。

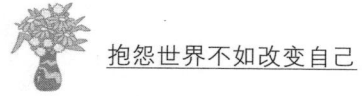

冥想

冥想过程中，思绪可能飘散，从而转移你的注意力。思绪来自于你生活中的点点滴滴，如恐惧、疑问和怀疑等等。你无法释怀，无法理解，无法超然。相信冥想，它一定可以帮你静心，带你寻找最终的答案。继续进行鼻尖专注力的练习，将呼吸集中于鼻尖呼吸部位。不要忘记冥想开始前3个回合的热身呼吸练习。

日记：

_____

_____

_____

日期 _____

第 72 天
把一切放下，享受宁静

感知

不慌不忙，无忧无虑。

沉思

有什么方法可以把我的生活变得简单一点呢？狂躁的内心能不能获得片刻的宁静？为了生活，我马不停蹄地奔波着，从一件事迅速到另一件事，不断地抗争；任何试图减慢其节奏的努力都是白费，有时候，我根本停不下来，忙得天昏地暗。好像总是有很多事情要做，很多愿望要去满足，内心深处就是不愿意停下来休息一会儿。一方面害怕随波逐流，失去自我，一方面当激流汹涌而至，却又不得不首当其冲，奔跑在浪潮的前面。我为什么要如此匆忙？能不能把一切都放下，让放松进入身体，享受片刻宁静，随心所欲地做点事情。生活中真的有那么多事情非要我去完成吗？事情能不能不多不少，刚好够我忙的而不会让我太劳累呢？

冥想

大脑始终无法平静下来，三心二意，头脑内部不断唠叨，令我们苦恼不已。你能看见你的欲望、仇恨、愤怒来来去去，各种疑问不断出现。冥想就好像迈进了一个污秽不堪的浴室，心中默默努力的愿望肯定转头就走，根本没有办法进行修习！重新审视你的生活，做相应的调节。目前为止，也许只有引导式训练可以帮你解决这个问题。直到可以发展出自然的静心，那时候，思想一片纯净，如出淤泥而不染的荷花。继续进行鼻尖专注力的练习，将呼吸集中于鼻尖呼吸部位。

日记：

_____

_____

_____

日期 _____

第73天
培养宁静的心境

感知

用心去探索，而不是一味盲目追逐。

沉思

我可以看清楚生活的方方面面吗？透过思想的重重迷雾，跨越记忆的束缚，不带任何个人感情色彩地去观察，去了解，洞明世事，练达人情。脑海中可能已经形成对生活的观念和印象，能不能推陈出新，打破传统的

思维分析问题呢？我愿意为了一刹那的清明而舍弃一切，只为亲眼看见世事背后的精髓和光华吗？尘世浮沉，真真假假，尔虞我诈，而我却永远不可能是掌舵手，只能随波逐流；尝遍生活的酸甜苦辣，但最后两手空空。即使是这样，我还愿意为之不顾一切吗？

冥想

呼吸反映情绪，呼吸深缓，心境必定平和。暴躁的脾气来自于混乱烦恼的心绪，所以要培养宁静的心境，使得注意力更容易集中。感受气流首先进入鼻腔，然后经由鼻腔进入身体，让人体得到洁净和纯化。当一个人静下心来的时候，就能很容易地把注意力集中到他想象的对象上来。还记得那个以锤击钟的比喻吗？将注意力集中于某个明确的冥想对象，有的放矢，就像拿着锤子去敲钟一样。以锤击钟犹如利用注意力锁定冥想对象；钟叮叮当当作响，犹如你全神贯注于该对象；铃声逐渐消逝犹如你的注意力分散游移，开始转向其他事物；然后，你必须要再次击钟，重新集中注意力。这样循环往复，持续不断。初始注意力很难长时间保持专注，容易偏离，这是意料之中的，因为大脑在一刻不停地运行着。应将思绪反复拉回设定的冥想对象，直到专注能够自然而然地发生。修习过程中，在自然的专注力条件下，注意力很容易会分散。

日记：

_____

_____

_____

日期 _____

第 74 天
以出世之心做入世的事业

感知

人活着，必须要承担许多责任；肩上背负很多重担，但是我们的内心不应因此感到沉重。

沉思

我作为一个人，存在着，活着，体验了人世百态、生活的种种滋味，但是已经达到一种令人难以置信的终极状态了吗？我的个人想法是：我学富五车，智慧源源不断地涌出，可以开始探索精神世界的实质——我的本源了，因此就目前而言，我已拥有这种能力。有时候，我忽略了万物之源的缥缈和虚无，过分自信，觉得大千世界，应在掌握之中，我一定可以如愿以偿，实现自己的梦想。于是，我殚精竭虑，周旋于各种各样的人和事，希望可以出人头地，获得成就感和欢乐感，不断遭受着挫败和失望的打击。蓦然回首的时候，才发现自己走错了方向，并没有找到理想的目的地。

冥想

这一阶段你一直进行着 3 个回合的深缓呼吸。从明天开始，我们要开始崭新的程序，共有 7 个步骤，慢慢提升你的修习并改善呼吸，达到身心平衡。具体内容会在下文详尽叙述。与之前 3 个回合的呼吸类似，该 7 步练习每天进行两次，每次持续一两分钟。很多修习课程都以此作为热身缓和过程。根据指示，逐步展开。不过，今天的修习仍是将注意力集中于鼻尖呼吸部位，即鼻尖专注力的练习。

日记：

_____

_____

日期 _____

第 75 天
开始新阶段的修习

感知

一沙一世界，一花一天堂。一滴水珠的光辉可以折射出整个大海；由内在的天空窥见本真的精髓。

沉思

昨晚，大地银装素裹，我漫步走在朗朗星空下洁白的道路上。天高星明，一幅清冷、纯净的画面。这样静谧的美，为什么总是与我失之交臂呢？我每天忙忙碌碌，在干些什么？现在一点也记不起来了！想起来，只是一片茫然，毫无头绪。这背后存在着什么吧，一定有我没明白的真相存在。

冥想

现在开始新阶段的修习。首先进行 3 个回合的热身呼吸。吸气缓慢而深沉，想象着有一个白色的发光球体，慢慢自尾椎部位向上浮移，漫过头顶；呼气时，想象着该白色发光体悬浮于头顶正上方，光芒倾泻而下，你全身心都笼罩于其中。再次呼吸时，把注意力集中于中脉轮上，从头顶开始想象你头顶脉轮开启。将 1/3 的气流送至额头上方、双目之间，同时白色发光体移至相应部位，温柔地触及，光热慢慢扩散，肌肤就好像一朵花静静地绽放；接下来的 1/3 的呼吸气流集中于喉结下部。注视纯白光经由你的脊骨螺旋往下。白光下移至你的喉咙，放松了你的束缚。温暖的光芒慢慢开启相应的身体部位；最后的 1/3 气流应达到胸腔心脏，光线也跟着照耀于上腹部位，并停留 10 秒钟。在此过程中，光线首先打开心脏，然后蔓延，流遍周身，身体的每个器官、每寸肌肤都舒展开来，最后光芒遍及周围事物。继续进行鼻尖专注力的练习，将注意力集中于鼻尖呼吸部位。结束的时候，把打开的 3 个中心部位一一关上，就好像绽放的花朵羞涩地合上了她的花瓣。按照相反的次序，先是心脏，然后是喉咙，最后到额头部位。不过保持头顶处于开启的状态。每节修习中，闭合这 3 个部位的过程是非常重要的。

日记：

_____

_____

_____

日期 _____

第 76 天
打扫心灵的空间

感知

盘旋于你的脊柱底盘，等待着解开束缚、释放能量。

沉思

我的思想应当一尘不染，就好像正等待着客人到来的房间，打扫得干净整洁；而我的内心应当海阔天空，时刻准备接受真谛，去伪存真，触摸事物的本真。我打算从长计议，采取周密的措施，严阵以待。毕竟，这将对我的命运产生深刻的影响。比如，改变自我，或者说带来翻天覆地的变化，使自己脱胎换骨，也不为过。

冥想

今天，把最后的两个步骤加进练习，成为完整的 7 步练习。重新回到第 5 步，吸气，白光慢慢开启会阴部位。第 6 步，呼气，深长且缓慢，努力向下呼吸，似乎要将体内所有的气流都释放出来。白光沿着脊柱部位螺

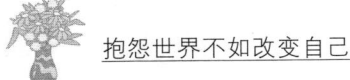

旋向下，停在接近尾椎骨处。注意力集中于底部脉轮，深吸一口气，利用白光慢慢开启尾椎骨部位，如一朵花静静绽放。当白光浸透该部位时，用嘴吐气，利用所有的力量将体内的气都呼出来。第 7 步，吸气，白光重新沿着脊柱盘旋上升，到达头顶即头顶脉轮处停止。此时，集中注意力和呼吸于该部位，白光在此交汇放光，慢慢打开了头顶轮。然后，随着呼气，完全放松，身体的每一个部位都被激活，接受了能量之光，几乎触及了精神世界。以上就是完整的 7 个步骤。今天，持续练习这 7 个步骤 10 分钟左右。接下来的时间中，继续进行鼻尖专注力的练习，将注意力集中于鼻尖呼吸部位。修习结束的时候，千万不要忘记闭合打开的身体部位（像花朵收拢花瓣），按照脊柱尾骨、会阴、腹腔神经丛、心脏、喉咙和额头的顺序依次执行。注意，头顶部位应始终处于开启状态，将白光会聚于此。

日记：

_____

_____

_____

日期 _____

第 77 天
找出内心阻止前进的障碍

感知

生活中，你如鹰般展翅翱翔。有一天，当你停下来的时候，发现自己的翅膀伤痕累累。

沉思

我坚定决心，一定要找出是什么东西牵绊了我的脚步，让我左右为难。但是，如果寻找不出答案，该怎么办呢？

冥想

　　复习新学的练习方式。呼吸缓慢而深沉，将 1/3 的气流聚于额头、双眉眉心部位。让悬浮于头顶上方的白色发光体的光芒倾泻而下，笼罩于整个头顶轮。接下来 1/3 的气会聚于喉结稍下方的喉咙处，同时白光自头顶下移至此，以温暖的光芒照耀并开启相应的部位。剩下来 1/3 的气流涌向心脏轮脉，白光随呼吸而至，停留 10 秒钟。然后将所有吸进的气按照同样的比例（1/3）释放出来。第 4 个步骤就是呼出心脏部位的气，如源源不断的能量向下移动，白光交汇于腹腔神经丛，深呼吸，用这 1/3 的气填充腹腔神经丛，感觉该部位温热且饱满。第 5 步，继续向下，进行深且长的呼吸，白光移至会阴部位，慢慢扩散开来。该区域在白光的沐浴下，像花朵般逐渐开启。第 6 步，完全地呼气，呼吸继续向下深入，白光停留于脊柱底部的尾椎骨附近，让白光充斥并开启该部位。同时进行彻底的呼气。第 7 步，吸气，白光沿着脊柱螺旋上升，在头顶脉轮交汇聚集，并打开顶轮。持续练习这 7 个步骤 10 分钟左右。继续进行鼻尖专注力的练习，将注意力集中于鼻尖呼吸部位。然后，继续进行鼻尖专注力的练习，将注意力集中于鼻尖呼吸部位。结束的时候，按照与开启相反的顺序依次闭合脊柱底盘、会阴部、腹腔神经丛、心脏、喉咙和额头部位。让头顶处于开启的状态，白光笼罩，仿佛在接受能量的传播。

日记：

_____

_____

_____

日期 _____

第 78 天
透视生活背后的真相和本质

感知

画家借助于手中的画笔描绘事物；而古今圣哲贤人则通过自身的体验告知世人生活表面背后的真相和本质。

沉思

经过香甜的睡眠后，一觉醒来会不会发现昨天的激情和渴望不再？当我在另一世苏醒过来，周围的景象以及我自身会有什么不同吗？说不定，我摇身一变，神奇地成了一位大智大慧的圣哲或贤人呢！如果我的思想还会留存到另一世，那会是怎样？来自于身体的种种欲望，我该如何应对？我可能会和一头茹毛饮血的野兽差不多，贪婪凶残，有一只巨大的胃，但是没有嘴巴！

冥想

依次进行 3 个回合的呼吸调息、7 个步骤地白光呼吸法练习，然后继续鼻尖专注力的练习。将注意力集中于呼吸，留心鼻腔内壁气流经由的部位。每次吸气的时候，体验吸进的新鲜气流，观照其独特的感受。好像每一次吸进的气体都是独一无二的，以全新的感觉和精神去接受。注意呼吸，将这种感觉持续在整个吸气、呼气的过程中，并在下一次吸气时，加深对气流的感受。不要在脑海中将感觉具体地勾画出来，也不要去深究精确的部位，只要全神观照切实的感受即可。冥想过程中，释放出脑海中所有的幻觉、影像、记忆等种种画面。这可以带来意想不到的效果，放松身心，消解压力。如果注意力分散，不能完全集中于鼻腔内壁，比如说，转向了前额或心脏，千万不要试图使劲将注意力拉回鼻腔内壁，这样冥想的专注力会受到破坏和干扰。从而滋生出矛盾和混乱。不管注意力和思绪漂向哪里，你要做的就是观照呼吸的感受。今天，修习结束的时候，同样不要忘记按照正确的顺序闭合打开的 6 个能量中心。

日记：

_____

_____

_____

第 79 天
超越对死亡的恐惧

感知

出发不久，就可以寻找到一处极致完美的所在。

沉思

有两件事情还死死困扰着我，使我无法脱身。如果真的一无所有，没什么好担心的，那么害怕和死亡也奈何不了我。但是我心中还有计划，不是吗？毕竟，生活还是残缺不全的。死亡的降临是不是不知不觉的呢？那一刻确实存在，是活生生的？我的死亡概念，以及一切关于死亡的想法和念头，就是唯一困扰我的东西吗？这一刻，也许没有害怕。在想起飘逝的过往和幽暗的未来时，才会感到害怕。

冥想

如果在白光聚集于喉咙处，间或有明亮的光波和奇怪的画面闪过，几乎让你睁不开眼，这个时候不要惊讶。喉咙是一个升华的脉轮，具有治愈疾病的力量，可激发内心的欢愉感，提炼思想。预备练习完成后，想象着喉咙慢慢开启，白光照射进来，充斥其中。白光和注意力在此持续 1 分钟左右，然后继续鼻尖专注力的呼吸调息。

日记：

_____

日期 _____

第 80 天
认清内心的渴望

感知

如果你的心中出现了恶魔，要么好好对待，与之和平共处；要么被它吞噬，化为乌有。

沉思

在还没有弄清楚心中的渴望、感情、想法和自我概念到底是怎样的时候，就在某天早晨醒来后发现自己的肉体不存在了！即使是这样，我是否也不会吓得魂不附体？如果我能真正地理解这些东西，是不是就能摆脱掉对死亡的恐惧呢？每当在冥想过程中想到此事，我的肉体其实已经消失了。这种修习充满神秘的意味。将把我带向何处呢？

冥想

心脏脉轮构成精神力量的主要来源，是灵性和智慧的中心。对应呼吸循环系统，调节免疫系统，可让人清楚地感受爱与慈悲，并且成为爱本身，同时还能增强人的勇气和动力。这里，不管修习将进行到哪里，你都会清楚地感受到安全感。如果冥想进行得脚踏实地而且充满朝气，那么身体的基本需求就会得到满足。有一点要注意：当以 7 个能量中心作为修习的主要对象时，是不可能获得超自然力量的。这种不切实际的想法只会阻碍正常的修习。因此，如果你的目的是企及彻底的开悟，就不要胡思乱想，免得妄念升起，难以消除。预备练习完成后，将注意力集中于心脏，慢慢打开，让白光充斥其中，持续 1 分钟左右。然后，重新回到鼻尖专注力的呼吸调息。

日记：

_____

_____

_____

日期 _____

第 81 天
超越过去，跨越将来

感知

年轻和年老的区别在哪里？花白的头发。

沉思

我通过双眼看世界，万一失去了双眼，我拿什么"看"呢？也许我只能"看见"记忆。有没有这样一种"看"法，既超越过去，又跨越将来？

冥想

腹腔神经丛处可能滋生出种种奇异的影像，将你带到神秘的所在，这是一种用语言难以描绘的感觉；让你不遗余力地飞翔，直到气喘吁吁，上气不接下气，于是你很奇怪：为什么之前从不曾尝试高飞？这根本就是易如反掌！腹腔神经丛的修习还可以减轻身体和精神上的痛苦，协调身心。借助于此，无须学习解剖学，你就可以了解自己身体的方方面面。尽管如此，如果观照中，你发觉自己正自由地畅游宇宙空间，一定要拉回专注力。因为这种娱乐的心态对实现修习目标毫无裨益。预备练习完成后，想象着腹腔神经丛慢慢开启，白光照射进来，充斥其中，持续 1 分钟左右。然后，进行鼻尖专注力的呼吸调息。

日记：

_____

_____

_____

日期 _____

第 82 天
回想自己哪些变了，哪些没有

感知

看清它的一举一动，但永远不要去寻找、追随。

沉思

冥想过程中，我研究自己的思想。却发现自己的身上逐渐发生了奇妙的变化。谁能相信这种看上去毫不相关的方式能够间接地产生作用和效应？也有些没有改变，但我现在已经清楚地知道：哪些变了，哪些没有。这将把我引向新的方向。

冥想

预备练习完成后，想象着会阴部位慢慢开启，白光充斥进来，停留一分钟左右。然后，进行鼻尖专注力的呼吸调息。该部位与人毫无节制的世俗渴望紧密相关，但是奇怪的是，感知和直观意识也由此而生。动与静的神奇结合，而你在束缚和自由两者之间游移。

日记：

_____

_____

_____

第 83 天
探索内心世界的奥秘

感知

人生如潮涨潮落，时有起伏，在低潮的时候，记录下你的感悟和体验。

沉思

远离人群，居住于洞穴 3 年后出来，彼时，如果还要再来 3 年这样深居简出的生活，我是不是就已经胸有成竹了呢？如果被困于孤岛，对我来说要生存下去必不可少的是什么呢？假如基本的生存需求可以解决，我能够坐下来，静静地冥想吗？我要弄明白：为什么到现在为止还是做不了这些事。如果力所能及，也就是拥有足够的能力和智慧，我会在自己的内在世界发现哪些不可思议的事情呢？也许这些事情鲜为人知，之前也不曾被探索过。

冥想

脊柱底盘的能量中心大约在尾骨附近。当底轮正常发展时，人类会感觉到满足以及安全，生存意志也由此孕育并发挥作用。底轮中心附近蕴含着旺盛的能量和生命力。如果你的精神修习进展到比较高的层次，这个中心会变得非常活跃，产生出强劲的能量，沿着脊柱骨呼啸而上，在其他几个能量中心之间穿梭，使它们完全开启，赋予它们以勃勃的能量，然后在头顶汇集。这时候，你就不再受到俗事尘务的束缚。一切都默默发生着变化。今天，预备练习完成后，想象着脊柱底盘慢慢开启，白光照射进来，充斥其中。白光在此停留 1 分钟左右。最后继续鼻尖专注力的呼吸调息。

日记：

_____

_____

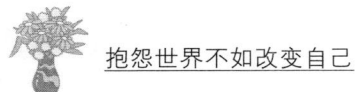

日期 _____

第 84 天
写一首以自然为主题的诗

感知

崇山峻岭，高耸入云；水，无论是万丈瀑布还是涓涓溪流，都流向低处的绿色山谷。

沉思

今天，我想我该作一首诗，但不是一般的诗歌，而是日本诗文中一种形式比较独特的诗——俳句，仅使用 17 个或 18 个音节，以自然为主题，注重精神意境的描绘和传递。等俳句创作出来后，我就把它放到静心修习的房间中。

冥想

预备练习完成后，将注意力和白光集中于头顶上方数厘米的地方。持续 1 分钟左右后，开始鼻尖专注力的呼吸调息。该区域不是静止不动的，充满了无数大大小小的变化。这里就是通向开悟的入口处。

日记：

_____

_____

_____

日期 _____

第 85 天
重新回到爱的怀抱

感知

抑扬顿挫地诵读俳句，以 18 音为单位，跌宕起伏——岁月也是这样如白驹过隙。

沉思

一件事发生了，在此之前存在的时间、思想或者其他的事情是什么呢？有没有这样的可能：有爱存在过，但我们避之如讳；有和谐存在过，而且完美无瑕？肉眼难以发觉，没有任何物理规则可循，远远超出了我的理解范围，是这样吗？甚至不受我的思想和思维的限制，跨越时空，超乎想象？如果这种难以言表的爱不再躲躲藏藏，而是流露出来，以各种各样的形式遍布全世界，那又会怎样呢？作为一个人，我能不能清楚地认识到自身是独立于此爱之外的？而这种爱正是万物之本，我自身也由此而来。能够重新回到它的怀抱吗？如果在某种程度上，我和这种巨大的潜能之间产生共振，那么在此生有限的时间里是不是就可以见到它了呢？即使真的可以，也许我也无法用言语来描述和形容它。只不过在内心深处，有一份清晰的明白。

冥想

依次进行 3 个回合的热身呼吸和 7 个能量中心的开启练习，然后继续鼻尖专注力的呼吸调息。当心灵平静时，身体的运作也会减慢，呼吸变得无比轻柔、细致，气流通过鼻腔内壁时，都没什么感觉。其实，这个时候，并不是你的呼吸停止了，而是冥想达到较深的层次，注意力非常集中，忽略了对呼吸的感受。这种情况会引起你的恐慌，忙不迭想要把呼吸找回来，其实，这反倒破坏了专注力。勇敢点，无须害怕；稳定注意力，此时呼吸与否不应是冥想关注的焦点。忘却一切，包括呼气、吸气，始终保持注意力集中，不可三心二意，半途而废。

日记：

_____

_____

_____

日期 _____

第 86 天
把今天当作生命的最后一天

感知

雪花！我伸出双手捧住洁白的雪花，每一片都是这般独一无二！啊……融化了。

沉思

我真的如此与众不同吗？是不是我们每个人，不管是十恶不赦的犯罪分子，还是像我这样的普通人，身上都有一样共同的东西在发挥着作用，左右我们的行动呢？我们的悲伤和欢乐从何而来？人类一些共同的渴望从哪里得到满足的？渴望和欲望两者之间是不是环环相扣、相互交错呢？

冥想

继续鼻尖专注力练习，将注意力集中于鼻腔内壁部位，对动作过程应了然于心，不出一点差错。即使是简单的呼吸调息，也能于潜移默化中在你身上发生深刻的变化，这会在生活的点点滴滴中得到反映。生活就像一面镜子，或者作为修习者来讲，修习本身也是生活的镜子。不久以后，对这一点，你将有更深的体会。修习时，你能看到自己的生活。因此，抓紧静心过程中的分分秒秒，就是握住生活的每一天，好像生命所剩无几，以即将赴死的心态珍惜每一刻，为自己和他人做好该做的事，不遗余力，不计回报。慢慢地，感悟力会徐徐上升。

日记：

_____

_____

_____

日期 _____

第 87 天
在"伪睡眠"中进行潜意识交流

感知

不知道思想究竟喜好什么，总之太多了，数不胜数。

沉思

如果有一天，我对这世界和现实的认识和感悟全部被推翻粉碎了，那么肉体意义上的我或者精神意义上的我还能够真正做到不以物喜，不以己悲，冷静地看待这种巨大的变动吗？但是，看着自己认识的世界发生改变，尤其那些给我以安全感的珍贵记忆和影像也遭到了毁灭性地动摇，这时候还要做出一副无关痛痒的模样，似乎是强人所难。毕竟，从此我的生活和心灵都出现了缺口。而且，我再怎么视如珍宝，也已经无可挽回了，那一切就毫无意义了。因为对现实的疑问和好奇已经在我心目中根深蒂固，所以我无法很潇洒地转身就走，做到真的无所谓。现在，除了对现实、真相的质询以外，我对任何东西都提不起兴趣。

冥想

在冥想过程中，有时候，你以为自己睡着了，其实不是，而是你的意识进入了一种纯粹的状态。潜意识中进行着某种形式的交流，

而你的大脑对此并不是一无所知的，因此，交流实际上是非常新颖的。进入这种奇妙的状态时，伴随着种种画面、声音和不自觉地身体活动。这些事格外有趣，但如果因此而不能集中注意力，是会对修习产生负面影响的。下意识的交流能够提高感悟和觉知，不过不应转化成身体上的动作。一般来说，你是不知道其中还隐藏着这种千丝万缕的联系。在意念发展成更高意识的过程中，这些体验是不可避免的步骤。但也仅仅是步骤而已，不要以为到达了目标，更不能被这种虚假的喜悦冲昏头脑。话说回来，这种"伪睡眠"标志着你的心境极为平静，注意力非常集中。如果同时伴有水乳交融、合二为一的同一感，那么对于修习，意义就非同一般了。最后，继续鼻尖专注力的呼吸调息。

日记：

_____

_____

_____

日期 _____

持续注意力

你已经学会利用注意力感受鼻腔内侧的呼吸。就好像敲钟一样，你不断地将注意力（锤）集中向某一点（钟）。不过，突然有一天，你无须再敲钟了。当你的思想触摸到冥想的对象——对呼吸的感受，并静止，将注意力停留在那里。于是，钟声持续响起，不断传出。换句话说，你要心无旁骛，将注意力完全集中于对呼吸的感受，不受一丝干扰。那时候，就好像不再需要费力敲打，钟也能源源不断地输送出声音。

随着修习取得进展，持久集中注意力阶段需要的时间也会越来越长。多年来，你的大脑喋喋不休地唠叨一些事情，烦乱复杂，一刻也不停。改变这种情况，你的意识和感知会获得提升。而且，会给你带来多种惬意的体验，比如，长久的快乐，但绝不能沉溺于此。保持观照即可。

第88天
认真对待每一天

感知

用欢乐来迷惑一个人的视线，摧毁他的意志。这是怎样的一种误解啊！

沉思

现在看来，有件事是显而易见的：只有心静如水，对来自内在和外界的一切干扰免疫，思想才能探测并达到足够的深度，并克服恐惧，获得最终的自由。如果这对我来说比较吃力，那么就应该好好地审视自己的生活状态了。为什么内心一直躁动不安，无法平静？对很多事情漠不关心，尤其是势单力薄的群体、动物，无论他（它）们怎样，我都无动于衷，是这样吗？

冥想

继续进行鼻尖专注力的呼吸调息。不断提高冥想技巧，使之臻于完美，对于修习是非常重要的。不过，不要老是想要迅速看到绩效。在适当的时候，绩效会自然而生地发生的。只是单纯地静心，一丝不苟地完成所有的练习程序，不应别具用心，有所期盼。修习中发生过的，以及将要发生的事都不重要，甚至启迪的念想也可暂时抛到一边。每一天都是新的，每一天都需要认真对待。值得在乎的不是时间的长短，而是过程进行得是否完整，是否浑然一体。对于最终的结果，无须杞人忧天。就当借此机会做一件完美无瑕的事，当你完成时，整个事件过程无懈可击。而你尽情享受的是过程，并不看重结果。把每一分钟都当成千载难逢的时机，慎重地利用。没有对过

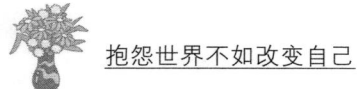

去的念念不忘，也不会对未来痴痴等待，就做好现在，此时此刻。

日记：

_____

_____

_____

日期 _____

第89天
忏悔以往的过错

感知

有一天，我偷了1分钱，那一刻，我就失去了某种宝贵的东西；伤害了一位朋友时，我的心也同时陷入了万劫不复的深渊。

沉思

曾经，我偷过别人的东西。多么希望时间能够倒流，我可以把东西还回去！曾经，我让无辜的人心灵受到了深深的伤害，要是可以告诉他们我的心中充满了歉疚，该有多好啊！当初，好像迷失了自我，我在一种迷惘、无意识地状态下，做出了这些让我终身遗憾的事。如今，我头脑清楚，意识清明，开始慢慢懂得……但是，心中的悔恨感和罪恶感丝毫不减。

冥想

当你不再怀疑，不再无法集中注意力于冥想对象时，身心就完全放松下来，整个人都沉浸其中。此时，专注力能就可以持久了。只有呼吸流畅自然，保持持续、舒适的节奏，升华进入一种比较纯粹的状态，即"持久注意力"。尽管如此，即使没有出现"持久注意力"，也不要放在心上。精神特质，人各有异，在我们每个人身上都有不同的节拍和表征。永远记住：尽管你可能没发现修习取得任何进展，但是诚心地冥想，冥想中的时时刻刻都保持一颗平静、真诚的心，这些都是有益于修习，可促进其发展和提高。继续鼻尖专注力的呼吸调息。

日记：

_____

_____

_____

日期 _____

第 90 天
抑制欲望，保持意识清明

感知

每当春天来临时，我的心中就会滋生出种种欲望，如清晨生机勃勃的曙光，蠢蠢欲动。

沉思

过多的性冲动和肉体欲望，从中可反映出什么呢？清明的意念要求人头脑冷静，心中无邪念，那么诸如此类的种种行为是不是和这个要求大相径庭、背道而驰？疾病会慢慢吞噬掉健康，身体慢慢腐朽，直至剩下一副空壳；这种不计后果的冲动行为会不会也像这样，逐渐将我腐蚀，最后身体支离破碎，我则无处可逃？

冥想

如果你选择坐式冥想，那么所选的坐垫应小而结实，不可太过柔软，放在尾椎骨下，也就是说你坐在边缘部位。如果坐在中心，双腿很容易变

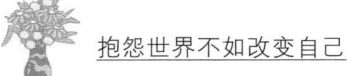

得松懈。如果静心过程中，你的思维太过活跃，即使在倒数数的同时还能够想这想那，无法完全集中，那么可以使用一套难度较大的数数方式。数字排列的规则比较复杂，所以为了数得正确，你不得不将思维转过来集中于其上。数字的顺序是这样：1，2，1，2，3，2，1，2，3，4，3，2，1，2，3，4，5，4，3，2，1，以此类推，直到 10。然后，继续进行鼻尖专注力的呼吸调息。

日记：

_____

_____

_____

日期 _____

第 91 天
实事求是，不再撒谎

感知

心胸越狭窄的人，越容易散布谎言。

沉思

在不改变目标的前提下，冥想可以不断深入吗？冥想过程中，我努力使思想平静下来；冥想结束后，却又故态复萌，骚动不安，这样能取得什么成果？撒谎、夸大其实，我都已习以为常，折射出我内心深处那无可救药的不安全感，因此我竭尽全力，想要表现得好点。撒谎，表示我有强烈的渴望，会为了得到某样东西或某个目标而不择手段。总是利用权力和力量试图去控制软弱的人，并在他们身上寄予信任，其实，这也是缺乏安全感的一种表现。毋庸置疑，碰到了完整无缺的冥想，撒谎欺骗在大脑中是寸步难行的。因此，我下定决心，不再撒谎，一切实事求是；不一定非要强行终止，但必须承认自己缺乏安全感，而且应认识到人有时候对待某些事确实无能为力。只有爽快地承认这些事实时，撒谎才会消失，不再发生。冥想做起来就很容易了，生活也会变得简单起来。

冥想

当孩童蹒跚学步时，总是东倒西歪，不断地摔倒。但是，一段时间后，摔倒的次数少了；再过一段时间后，便可以走了。冥想也正是这种由不会到会、由生疏到熟悉的过程。开始冥想时，注意力总是无法完全集中，你不断地脱离冥想对象，然后再把注意力重新拉回来。这种与冥想对象之间的脱离、拉回就是前文所讲的"击钟"。到达某个程度后，"脱离"不再发生，钟声持续地响起。此时，你的大脑可以专注于冥想对象，不会漂移开去。你不再是不断摔倒的孩童，而是成了行走自如的大人。走路对你来说轻松自如，而且走多久都不会觉得累。继续进行鼻尖专注力的呼吸调息。

日记：

_____

_____

_____

日期 _____

第 92 天
克服恶习，超越自我

感知

只有清明的思想才具有穿透力，可以抵达内心深处。

沉思

从毒品、酒精中寻求慰藉，心中反而会更加迷惘，乱糟糟的，更加没有获得自由的机会。除非我舍弃对毒品、酒精的迷恋，否则，如何抓住这一刻，纯净且珍贵的一刻，看清事实的本质？人的习惯是很难打破的，日子久了习惯就成了我的老朋友，很难与之断交。但是，必须要克服，要超越。我不能老是徘徊不前。

冥想

精神世界渴望宁静，但是大脑安静和空无的时候，总会想到纷繁复杂的凡尘世事。思绪千方百计地从各种渠道溜出去，这并不是关于修习的个人问题，对于要长期坚持的修习者来讲，答案是非常重要的。当你与他人讨论在冥想过程中的体验时，积聚的精神"气"会逐渐消散、溶解。实际上，你应当单独与空无面面相对，所以，日常冥想修习中，找一处僻静的所在，争取做一名闹市中的"隐士"。冥想结束后，默不作声地回到日常事务中，一个人保留所有的秘密。继续进行鼻尖专注力的呼吸调息。

日记：

_____

_____

_____

日期 _____

第 93 天
独自寻找生命的本真

感知

尽管站在熙攘的人群中，我却是孤身一人。

沉思

不断地想要摆脱空洞、虚无的感觉，与此同时，孜孜不倦地寻找本真，这两者可能同时实现吗？这一生，上天赐予我无数的机会，对于这种眷顾，我很知足；但是内心深处总是有点忐忑不安，总是有些鸡毛蒜皮的事情让我无法释怀，以至于闷闷不乐。

冥想

将冥想修习的时间延长至 1 个小时。有时候，你会惊奇地发现，注意力任你掌控，想要集中于冥想对象多久就多久，丝毫不受杂乱思绪的干扰。这种情况一旦出现，要牢牢把握，努力维持思想和心灵的平衡、稳定，越久越好。如果你能饶有趣味地去做，并乐在其中，那么专注的心神能持续超过 1 个小时。不过，也不要过分延长。最好是一天练习 2 次，每次修习 1～2 个小时。偶尔心境、思想特别深入时，时间可稍微长点。你有没有发现，有时候不是你自己，而是另外的某样东西左右着整个冥想过程？若要延长静心，不妨选择去专门的僻静中心，或者周末时在家中进行。继续鼻尖专注力的呼吸调息。

日记：

_____

_____

_____

日期 _____

第 94 天
抓住眼前的片刻，主宰自我

感知

开端珍贵如无价之宝；结局则神圣不可亵渎。

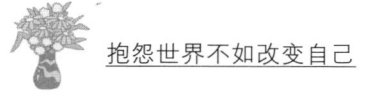

沉思

时至今日，我终于明白，成功的背后潜伏着失败的危机；而失败的土壤中成功破土而出。成败互为因果，两相牵引。没有永远的成功者，也没有永远的失败者。就像行走于沙滩所留下的足印，无论我多么小心翼翼，多么锲而不舍，印记都会随着潮起潮落，归入无痕。

冥想

其中的奥秘不是要埋头努力，苦苦寻求。冥想过程中，将注意力集中于此时此刻，没有过去也没有未来，此时此刻就是根本。这样日复一日，体验和感知的能力会在不经意间自然提升。生活、人生也即如此，抓住眼前的片刻，此时此地你完全掌控自己，主宰着自身的一举一动。当你努力专注心神的时候，杂乱的思绪可能久久萦回，产生干扰；但随着修习的深入和进展，一种难言的平衡和静心会占据你的思想，这些纷乱的心绪也随之消失。那时候，生命仿佛发生脱胎换骨般的变化，脑海中的一切想法、思绪奇迹般地终止，思想进入一片纯净、空无。这种状态转瞬即逝，称得上是可望而不可即。不是苦苦寻求能达到的，只能在潜移默化中慢慢获取。可能你根本没打算改变自身，也不想要弄清楚某些事情，但在电光火石间，它就发生了。一旦降临，便以不可阻挡的力量浸没你。继续鼻尖专注力的练习，将注意力集中于鼻尖部位。

日记：

_____

_____

_____

日期 _____

第 95 天
抛开思想中的一切干扰

感知

知者不可一世；无知者低声下气。

沉思

一沙一世界，如果区区一粒沙子就能传达出千百年来人类所积累的无数智慧，那么世界各地大小沙滩上所有的沙子一定能够表现出我精神世界里超乎知识的潜能。于是，我不断发掘自己的潜能和本真。

冥想

以热身练习开始后，进行鼻尖专注力的练习。着重感受呼吸的一呼一吸，另外，要保证体位准确。如果选择 7 个能量中心作为预备练习对象，那么每个部位都要花上几分钟的时间。在此过程中，无论如何要把对呼吸的感受作为注意力集中的对象。呼吸的一呼一吸，是一种非常奇特的专注对象，更深的感知也由对它的感受中而来。第 1 步要训练出这样的能力：心神始终专注，注意力摆脱掉了持续的干扰，能够停留于专注对象。如前文所说的击钟，不是间或地去敲击钟，钟声断断续续地传出，而是让钟声持续不断地响起。修习过程中，这是跨出了一大步，一个巨大的进展。让意识集中而连贯，很快深层的感知和体验就会出现了。有时候，会有一种冲动强迫你去做某件事情，比如说，换个冥想地点、著书、组织集体冥想，诸如此类。如果你能成功地克服种种冲动，视之为思想上的小伎俩，认识到其出现只是为了干扰冥想，那么修习就算是更深一层了。在这种深入的体验发生前，你还可能碰到无数的挫折和无助，要记住：所有的困难都只是暂时性的。种种负面的感觉和对自我的怀疑反复出现，也预示着新的深入即将出现。

日记：

_____

_____

_____

日期 _____

第 96 天
让过去的成为过去

感知

高山；蓝天；开阔的心境。

沉思

我的心理自我暗示能力非常神奇，妙不可言。它们促使我完成了很多必要而且意义重大的事情。所有深邃的思想都起于星星之火，星星之火蔓延，最终爆发出熊熊烈火，彻底地吞噬了我。我发现只有在思想空无的刹那，在此千载难逢的珍贵一刻，我才能触摸到真实的自我。于是，思想不断地回首，试图记住这一刻，努力地想要重现、拥有它，加以剖析、选择。遗憾的是，一旦这样，真实的自我立刻就消失了，取而代之的是我的迷惑不解，甚至误解。你看看，当我尽力记起上一个片刻时，眼前的时间就溜过去了，又成了上一刻。在不经意间，我已经完全地失去了上一个片刻和眼前的这个片刻，甚至下一个片刻。而现在，我悲哀地发现，同时也失去了领会生活真谛的机会——此时此刻。

冥想

静心能够使人从内心深处萌生出善意。当有了善良的心意后，冥想修习进行起来就毫不费力了。从某种意义上说，冥想和善心两者是携手并进的。由于冥想在你身上产生了重大影响，越来越多地左右着你的思想和一举一动；因此，一旦发现自己或他人的行为违背道德和良心时，你会感到非常痛苦和懊恼。无须额外努力，这种认识本身便在不知不觉中改变了你。潜意识中，思想也发生了变化，促使你产生新的感知和情感；反之，新的感知和情感则转换了你的思维模式。一丝不苟地做好鼻尖专注力练习，注意力始终集中于鼻腔内壁气流经过的部位。记住：每节修习开始前要做热身预备练习。

日记：

_____

_____

_____

日期 _____

第 97 天
释放内心深处被压抑的情绪

感知

到达永恒无捷径可循。

沉思

冥想修习是一项煞费苦心的浩大工程，需要修习者付出艰辛的努力。其中包括反复审视自己的思想。这种审视是内在的活动，跟我在这世界上的行为相比，两者有天壤之别。前者虚虚实实，难以触摸，人的大脑无法控制；而后者则是实实在在的，而且可以在大脑的指挥下运行。不熟悉冥想的人看见我静坐在地上，一动不动，可能认为这不过是在白费时间，做徒劳之事。而实际上，我内在的精神世界正不断得到提升和超越。疾病困

苦不期而至时，我就可以临危不惧，从容应对了。我深深地知道，冥想不是轻而易举的修习，但同时我也很清楚，如果我能够虔诚地练习，并且坚持不懈，它一定会带着我敲开启迪的门扉，通向更为广阔的天地。

冥想

　　练习过程中，可能会出现某些特殊的情感：你突然有一种强烈的冲动，想要放声大笑或是失声痛哭，或者是又想哭又想笑。碰到这种情况时，不要觉得诧异和惊怕。这是修习进行过程中一个必不可少的阶段。不必要大惊小怪，应处之泰然，说不定你已经触摸到埋藏于意识深处原始的欢乐与幸福，或者是压抑于内心的东西得到了释放（比如说是一段陈年旧情）。随着敏感度的逐步提高，你对思想、情感的认识越来越深，曾经搁浅在记忆湖畔的往事会重现。有时候，感到巨大的喜悦，只觉得欢乐扑面而来，如风暴般地冲击；有时候，却又不知何故，泪水莫名地涌上来，满盈眼眶，我们不知道自己是想要哭还是笑。实际上，既不是要哭也不是要笑，只是心灵获得了极大的慰藉。继续进行鼻尖专注力的练习。

日记：

_____

_____

_____

日期 _____

第 98 天
尝试改变自己的生活习惯

感知

　　顺流而下，随波逐流；逆流而上，乘风破浪。两者有什么不同吗？

沉思

我静下心来，好好地看看在这世上，我想要得到的事物是什么以及为此付出了哪些努力。最后发现，跟他人无异，我想要的是幸福。但问题是，什么能够令我高兴呢？哪些东西只会束缚、牵绊我呢？有一点可以确定，就是做出判断、加以选择无疑是要运用到睿智的眼光和敏锐的感知力的。

冥想

修习一段时间后，思想变得比较平静、安定，注意力很少分散开来，这时候，你会发现生活方式能够影响到冥想的质量。可多尝试几件事，比如改变居住环境、娱乐休闲活动，或者转换办公地点和饮食习惯等等。观察自己和他人讲话时的方式以及一般的交谈话题。你的朋友是哪些人？平时你所结交和仰慕的对象都是什么样的人物呢？你是否格外关注自身的仪表和外貌？生活中，你是积极进取还是得过且过呢？所有这些问题的答案都会影响到你对专注力的训练，但是除了从内在寻找解决方案之外，别无他法，无现成的规则可循。对自己的生活现状和动向保持严密的关注，观察不妨做到入木三分。牵涉到个人意图时，要实事求是，不可欺骗自己。不能获取理想的事物时，看看自己那个时候的真实感觉以及如何应对这种感觉的。事情的实质就是体验并感知这一切。在此探寻过程中千万不要偷工减料，敷衍了事。继续进行鼻尖专注力的练习。

日记：

_____

_____

_____

日期 _____

第 99 天
静坐观心

感知

旧习难改。

沉思

心无旁骛地坐在那里静静地冥想，一动不动，这是一件令人沮丧的事，身体所有的行动都受到约束。大千世界，比起枯坐于地上，还有很多有趣的事可做。比如，可以和朋友成群结队，四处去找乐子。冥想修习似乎无关紧要，可有可无。而且修习至今还是波澜不惊，似乎毫无起色，并且方法和程序也还是老一套，没有推陈出新可言，这都让冥想进行下去难上加难。我老是想放开手，转而去做其他事情。在尘世辗转数年，很多生活习惯在我身上已经是根深蒂固。最初开始冥想修习时的那种兴致勃勃随着时间逐渐消退变淡了，因此，若不经历一番苦斗，深深发掘出冥想中蕴藏着的丰裕能量和活力，这些多年的旧习是不会轻而易举就退出的。尽管如此，我还是知道现实中的艰难险阻是不能逃避的。所以，越早面对，就能越早释放自己，获得完全的自由。

冥想

一如既往地进行冥想，看着脑海中种种思绪升起、消失；同时开始思考这些聚来散去的念头和想法是不是就是你这个人的精髓和核心呢？如果不是，那么思想的背后有什么？应该有什么吧？冥冥之中，是不是有一个"观察者"？抑或只不过是对上一个思想的影射，记忆的重叠？每一个"思维的瞬间"中滋生出下一个思想，由一生万，继而生无限？也许还更深邃，远在"观察者"之上，知晓万物、洞若观火，而你尚未感知、触摸？继续进行鼻尖专注力的练习。

日记：

_____

_____

_____

日期 _____

第 100 天
活在现时，不再惶恐

感知

活在现时的人，是不会经常感到惶恐不安的。

沉思

一想起未卜的明天，我就忧心忡忡。可能会患上疾病，可能遭遇意外事故，可能丢掉赖以谋生的工作，厄运连连。我好像处在黑暗中摸索着蹒跚前行，与此同时，下意识里觉得未来在眼前如烟似雾，不知道方向在哪里。要是我能够抛开一切向往，不再翘首以盼，而是切切实实地抓住现时，没有痛苦的记忆，也没有对不幸的惧怕，所有惶恐、忐忑无立足之地，那么生活于我又会是怎样的呢？

冥想

将修习坚持不懈地进行下去。保持对呼吸的观照，感觉气流经由鼻腔内壁，流畅无阻，涌向身体的每一个部位，给人体经络带来更为旺盛而平静的能量。注意力应高度集中，完全与时间融为一体。在户外散步或骑车冥想时，要心无旁骛，脑海中不出现一丝杂乱的思绪，自始至终将注意力集中于呼吸。这需要经过严格的训练方能实现。冥想对象不仅是鼻腔部位，还包括脑海中出现的种种景象、气味、声音等等。你应在它们出现后

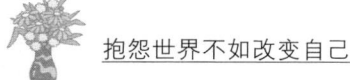
的第一时间去摆脱，努力使内在的世界空明、宁静。心神跟随自然的脚步，与自然浑然一体，但也不能失去自我。

日记：

_____

_____

_____

日期 _____

第101天
痛快地活出真实自我

感知

虚假的谦恭不过是装腔作势，同时也是自欺欺人。

沉思

我装腔作势时就显得非常虚伪。说一些言不由衷的话，做一些虚情假意的事（装模作样、投机取巧，人格大打折扣），表现得根本不像自己。姑且不论表现自我有多可怕，为什么做真正的我让我这么害怕呢？我就像一个胆小鬼，唯唯诺诺，不敢爱不敢恨，不敢痛快地活着，从而引起他人的误解。这样看来似乎不合时宜。其实不就是撒谎吗？只不过不易察觉罢了。如果我能坦然面对自我，遵从自己的心意做事，至少能看清楚问题的症结所在，也好对症下药。唯一的问题就是：如果不再欺骗自己，我只有挺起胸膛，勇敢地承担起自己的人生，除此以外别无选择！

冥想

冥想过程中，放松身心，处于最舒服、自然的状态。如果心脏感到任何不适，比如心悸、胸闷气短等，很明显，你的身体没有完全放松，动作或姿势发生了错误。如果发现这种情况，应立刻停下来，随着呼吸，在一呼一吸中调整身心，使身体完全放松下来。然后重新开始修习，将放松贯穿于练习始终。心情平静、安宁，更应该是一种默默的观照，而不是心浮气躁，迫切地盼望着得到什么。就像等待日出，是静静地等待第1缕霞光的出现，而不是迫不及待地将太阳拖拽出来。千万不要急躁，不要抗争，因为这些都无济于事，说不定还适得其反，影响修习进程。仿佛一座行将倒塌的大厦，而你却在为其添砖加瓦——不过是徒劳一场。继续进行鼻尖专注力的练习。

日记：

_____

_____

_____

日期 _____

第102天
保持内心的空无、明净

感知

一切堆砌起来的建筑都会垮掉，化为乌有。那么就不要白费力气了。

沉思

精神世界的启迪，与其说是构建，不如说是一种消解。我千辛万苦积累起来的东西似乎都逃不掉失去的命运，那答案不就是从最开始就不要进行积累。这就是冥想的奥秘吗？一无所获？但是，如果我一无所获，还能到达一定的境界吗？

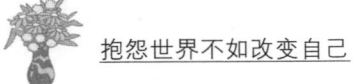
冥想

　　只要注意感受一呼一吸即可，单纯地感受呼吸，心中不抱有任何其他欲望。就像无私的爱，不计回报，但是最后的果实会自然而来。继续进行鼻尖专注力的练习。尽量多采取散步或骑车的冥想方式，对于进入大脑的杂乱思绪以迅雷不及掩耳之势迅速清除，保持内在世界一片空无、明净。

日记：

_____

_____

_____

日期 _____

第 103 天
审视日常生活，加以改进

感知

　　今天，重焕活力！真是可喜可贺！自由了！

沉思

　　我开始意识到为未知的明天担心不过是杞人忧天。要知道，前车之鉴，后事之师，每一件事中都会有值得学习的东西；而我恰恰缺少这种感知和领悟。活在世上，理所当然要去购买生活必需品，支付各种租费账单，是责任义务，也是不可避免的现实。但是，为什么总是无中生有，担心一些虚幻的事情呢？这不就束缚了心思，始终无法获得彻底的自由吗？

冥想

　　当注意力能够集中专注于冥想对象，此时此刻，你的思想可能发生偏差，而这也是该阶段修习中修习者经常犯的一个错误——我与冥想对象同在！当然，这仅仅是一种想法。不过，脑海中一旦出现某个念头，注意力就会偏离冥想对象。思想的来去是非常微妙的，在大脑中纵横交错，因此，在深入训练的同时，要时刻保持警惕。记着放松身体的每一个部位，自肩部至面部，按照前文的指示方法调息呼吸。如果在冥想过程中发现身体不自觉地绷紧，可重新审视你的日常生活习惯，找出紧张的根源并加以改进。继续进行鼻尖专注力的练习。

日记：

_____

_____

_____

日期 _____

第 104 天
以积极的心态面对逆境

感知

你身在其位，不偏不倚。

沉思

还有什么是我所不了解的吗？也许，地点的变换并不会影响到学习和体悟，无论我身在何处，都会有新的发现。不利的条件和环境似乎剥夺了我很多机会，但是换个角度看，未尝没有创造出了新的机会。俗话说，逆境出人才。逆境中，我会变得更加勤奋，努力去剖析自我。那么，到底逆境指的是什么呢？我想，大概就是事物的发展总是不遂我意，总是与失败挫折狭路相逢。不过我到底知不知道逆境的积极作用呢？也许，根本就不

存在完全意义上的逆境。

冥想

冥想无须提炼思想。大脑是不能从中获益的,因此就无压力可言。只需要一动不动地观照自己的呼吸即可,日复一日,相信自由渐趋渐近。身体的每一个部位都处于放松的状态,而注意力则保持静谧的集中。让专注力逐渐稳定、平衡,然后每次修习开始后,注意力能够自然而然地集中。继续进行鼻尖专注力的练习。冥想包罗万象,一切均可汇聚于其中。

日记:

_____

_____

_____

日期 _____

第 105 天
在冥想中体验自身的改变

感知

信念、努力、觉知、专注和体悟构成完美极致的平衡。

沉思

身体力行,跟着冥想的脚步细细去体验自身的转换和改变,慢慢靠近自由,这是我的初衷,也是基本信念。信念日益加强,我则孜孜不倦、兢兢业业,付出艰辛的努力,同时保持高度觉知。毋庸置疑,深邃的专注力必须要慢慢培养,循序渐进。只有这样,我所追求的智慧才有可能得到提炼和超越。

冥想

专注力关注的对象应集中于以下 3 类：物质、细物质、非物质。你所熟知的世界就是由这三类事物构成。很遗憾的是，无论物质、细物质还是非物质，最终都将解体，化为乌有。在这 3 类冥想对象之外是非常神秘的空间，既不与这凡尘俗世有所关联，也不是人的智力所能探知的。尽管超乎你的理解和思维，但是还是可以通过直觉感知到。以物质、细物质、非物质为冥想对象，基于此，你可以直接获得这种直觉意识。唯一的要求就是借助于熟悉的事物，抓住现时，付出努力，不断求索。继续进行鼻尖专注力的练习。

日记：

_____

_____

_____

日期 _____

第 106 天
让信念与智力协调发展

感知

人们总是誓死捍卫他们的信仰，但是，很快，他们丢失的恰恰就是信仰。

沉思

绝对不能好高骛远，我的信念和智力，两者应相协调，这是显而易见的。如果信念薄弱而智力强盛，我将把修习分析得体无完肤，注意力因此根本就无法集中；如果智力薄弱而信念强盛，我将缺乏应有的辨别力，人云亦云，失去创新和判断意识。最后，发现自己在不知不觉中误入迷途，进入了重重迷雾，感悟、自由和无私的爱都与我无缘。

冥想

　　一些人很快就能获得感知、体悟；而对于另外一些人，感知则来得慢些。欲速则不达，匆忙急躁，于事无补。而且在精神领域的追求中，是不可以相互比较的。因为每个人的精神世界各有不同，初学修习者和修习多年者的精进和修为显然是不能同日而语的。应该做好本分的工作，这样一切都会各就各位。不要担心修习是否取得进展，更不可热衷于与他人攀比，因为进展通常在你毫无察觉的情况下发生，比较毫无意义。有一天，你发现灵感突然源源不断，体悟不知从何而来，蜂拥而至。实际上，你脚踏实地的刻苦修习就是体悟的源泉。有些日子感觉修习异常痛苦，冥想几乎无法忍受。殊不知，越是觉得艰难，修习的效果越好。因为在你努力克服种种不快的情绪和精神障碍时，思想就受到了严格的磨炼。继续进行鼻尖专注力的练习。

日记：

_____

_____

_____

日期 _____

第 107 天
让心中充满温柔的善意

感知

　　注重过程，忽略结果。

沉思

　　我的专注力必须和努力保持平衡。当集中专注力比较费劲时，我发现注意力好像无法集中，大脑变得不平静，思绪此起彼伏；当专注力轻易就集中起来时，我会失去认知意识，思想进入恍惚的状态，目光呆滞，感觉迟钝。这个时候，行走冥想就有了用武之地。

冥想

心中充满温柔的善意时，超自然的理解力就会出现。善良具有镇静心境的神奇作用，当善良占据心扉时，心中会滋生出静谧、安宁，持久专注力由此而生；洞察非善行为的能力可直接带来善良的心意。如此这般，善良和专注力两者相互促进，携手并进。不但要关注冥想中的呼吸，还要对日常生活中的一举一动、一言一行保持紧密的观照。这样，事情就会井井有条；唯一需要做的只是你按部就班的努力。继续进行鼻尖专注力的练习。

日记：

_____

_____

_____

日期 _____

第 108 天
从修习中吸取应对生活的方法

感知

观察每一件事，好像看着海浪拍击白色的沙滩——就那样随心地注视，不带着任何目的、偏见和判断。

沉思

我已经知道在修习中应该保持信念、努力、专注力和体悟之间的相互平衡。但是觉知却例外，它不需要任何平衡。要做的就是在冥想过程中，

保持觉知持续不断地发生，不管外界如何变化并产生干扰，觉知都应该发挥其重大的作用。也许，生活也是如此。

冥想

　　今天的修习中，什么都不要做，仅静静地坐着。自然地呼吸，思维自然地流淌，不必刻意集中注意力，但是对大脑中出现的种种思绪保持紧密的观照。要留意大脑中出现的每一个涟漪，包括感觉、思想、情绪等等，但是千万不可为之牵动心神。因为缺乏足够的信心和信任，各种感觉会变成怀疑而不断涌现。感官欲望可能以性欲的形式发生在人身上；或者这种感觉折射出了人内心深处潜在的不满、懒散、懈怠，甚至是三心二意、忧虑、愤怒和厌恶等情绪。一定要仔细地观察各种感觉和体验上的微妙变化。刚开始，可能你一点也不习惯枯坐着，宁愿去睡觉、阅读或看电视。内心无法平静，烦躁不安，并且开始怀疑冥想是否值得付出辛苦的努力；然后，感觉坐着很不舒服，老是想着挪动身体。如果你还是一动不动，这种试图摆脱不适的感觉会变得越来越强烈，最后转化成无名怒火。五花八门的感受都应视做聚来散去的现象，转瞬即逝，你只要静静地坐着。当生活不那么顺心如意时，你同样会碰到相似的情绪和感觉，这样你就可以从修习吸取应对的方法和策略。

日记：

_____

_____

_____

　　　　　　　　　　　　　　　　　　　日期 _____

身体的欢乐

在修习中，你是不是越来越能迅速而有效地集中注意力了，并且能够做到旁若无人、心神合一？如上文所举击钟之例，无须重复敲击，钟声也能源源不断地响起吗？如果你已经能够成功地驾驭自己的注意力，巨大的欢乐感再次突然来袭时，不要再觉得惊讶。欢乐如潮水般席卷而来，暴风骤雨般强烈，好像看到了什么超自然的奇异景象，你目瞪口呆，感觉手臂、脖颈部位的毛发全部都逆风倒竖起来了。这时候，要格外小心，千万不可沉溺于诸如此类的感觉。放松享受每一个独一无二的片刻，然后轻轻甩开，让内在的天空一片空明，准备着接纳下一个珍贵的片刻。当然，并不是所有的冥想者在其修习过程中都会经历欢乐感，以及本书中所述的很多其他感受、觉知。大多数情况下，修习会风平浪静地进行下去，根本不会出现任何不同寻常的体验。日复一日，平静如水，然后突然有一天，冥想者豁然开朗，一下子大彻大悟。

第 109 天
打破虚幻的安全感

感知

安全感——世界上最大的不解之谜。

沉思

曾经，我的心中充满了可知可觉的安全感，其实一切都只是幻觉而已。如果我不再让自我受制于头脑，情况就会发生彻底的转变。我一度处于安全感和感知两者之间，不知道何去何从，现在这种两难境地已一去不复返。我完全将自己交给了冥想修习，并且百分之百地信任它。

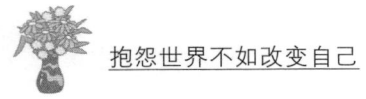

冥想

继续进行鼻尖专注力的练习。

日记：

_____

_____

_____

日期 _____

第 110 天
根除消极思想的本源

感知

前行的途中杀出了 5 个拦路虎，阻挡了我的脚步。

沉思

我以为某些事物可以点亮人生，所以苦苦追求无法释手；对他人总是抱有敌意，成天昏昏欲睡，对事一副漠不关心的模样，而且精神萎靡；此外，行事时忧心忡忡、三心二意、愤世嫉俗、疑神疑鬼，所有这些构成了我的生活，因此我活得非常沉重。但是，到底其中哪一个起着主导作用呢？我必须找到答案。只有到那时候，我才不需要拼命压抑它，而是将之视为不可逃避的事实去接纳、容忍。一味地压抑，可能只会适得其反，始终无法彻底解脱。因此，我下定决心，一定要追根究底找出本源，将之公布于众；然后仔细分析其来龙去脉，直到对它烂熟于心。

冥想

思想来来去去，其实是有规则可循的，而且还能预示和表现着修习的进展。所以在冥想过程中，要留意思想的产生、发展模式。记住：冥想过程中放松身体的每一个部位，同时继续鼻尖专注力的练习。

日记：

_____

_____

_____

日期 _____

第 111 天
克制愤怒的情绪

感知

你永远不会为了别人而生气；生气都源于你自身。

沉思

现在，当愤怒的情绪浮出来时，我已经逐渐学会观察它了。听之任之，看着它升起，感受到它确实存在我的身体里：血压升高、心率加速、头脑发热，有一股强烈的占有欲冲击着我，想要呼风唤雨、随心所欲。我还密切地观察愤怒的结果：生气后，我变得心力交瘁，很长一段时间都处于疲惫无力的状态；而且生气时，经常迁怒于他人，随便找出气筒，所以身边的人也跟着遭罪。在那些不无遗憾的时刻中，自我消失了，取而代之的是彻头彻尾的愤怒因子——它就在身边，不可抗拒，无法逃避。如果置若罔闻，甚至拒绝承认它的存在，那么完全就是自欺欺人了。

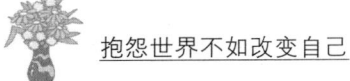
冥想

冥想过程中，观照呼吸，感觉气流在身体内循环流动、通畅无阻，看看会发生哪些细微的变化。此时，你正学习如何观照，先是呼吸，然后是思想活动，逐渐深入。无论冥想中看到或是听到什么，都应一丝不苟地去体验，这样循序渐进，自己的情绪、感情波动也会逐渐接受你的观照。继续进行鼻尖专注力的练习。

日记：

_____

_____

_____

日期 _____

第 112 天
改变急躁的性格

感知

将急躁收起来，接纳、容忍，并逐渐化解它。

沉思

当我太过急躁时，事情就会超过自然发展的轨迹和速度。不经意间就让它们随时间消逝了，而且局面始终支离破碎，没有办法去弥补或挽回。应耐心等待合适的时机再采取行动，并且认识到见机行事并不是一件容易的事，需要积累丰富的经验和感悟。

冥想

万不可心急气躁而敷衍了事。耐心地观照、等待，聆听呼吸的声音，感受一呼一吸。继续进行鼻尖专注力的练习。

日记：

————————————————————————————————

————————————————————————————————

————————————————————————————————

日期 ——————————

心灵的快乐

修习正逐渐深入。过去的一段时间中，可能你已经体验了身体的欢乐，现在心中会升腾起一股快乐感，妙不可言，为之前身体的欢乐推波助澜。欢乐的感觉经常突然袭来，具有短暂的特质；相对而言，愉快则较为持久稳定，定神安虑，让你心满意足，就好像人达到某个目标之后的那种成就感，幸福的感觉持续绵延着，久久地洋溢在你的心扉。欢乐有一种转瞬即逝的兴奋感，而愉快则有一套相对健全的体系，给人以长久的满足感。

集中注意力时，因为受到负面情绪的影响，思维可能会出现短暂的停顿。对于大脑，可说是久旱逢甘露，绝对是一个及时的假期。贪婪、愤怒、担忧、兴奋等等诸如此类的情绪，冲动而且激烈，幸福和快乐处在它们的阴影之下，可以说是举步维艰，难以生存；现在它们消失了，虽然只有短短一瞬，但是也足以使幸福和快乐在内在的世界中变得清晰明亮起来。随着修习的进展，快乐感不断增强，出现的频率越来越高。但是，即使是这种感觉也不是永久恒定的，因此不要沉溺于其中。平静而开心地将自己与冥想对象合二为一，其实是一种对同一感的体验，在后面的修习中还将会有同样的感受。如果能够专心致志于冥想对象，那么即使没有幸福和快乐感，也不要介意。从某种意义上来讲，无论是幸福感、快乐感，还是与此类似的感受和体验都不是最重要的。我

们最后的目标是感知和体悟，所以，持续的专注力才是重中之重。持续的专注力会带着你逐渐接近感知和体悟，让你如愿以偿。

第 113 天
细致入微地观察一件事情

感知

细致入微地去了解一件事，你将明白所有事。所谓察一叶可见天下秋，观滴水可知沧海。

沉思

如果问题悬而未解，我的注意力便始终围绕于其上，饶有趣味地阅读下去；但是一旦问题得到解答，我会立刻将书抛到一边。为什么有千古未解之谜？也许，就像昆虫的世界永远不会懂得莎士比亚，我的大脑不可能无所不知。不过，这些都无关紧要了，因为问题越来越偏离最初的主题。好吧，至少已经知道有一部分的我并不是依赖于知识而生存。

冥想

以预备练习开始，然后进行鼻尖专注力的练习。

日记：

_____

_____

_____

日期 _____

专 心

可能，你发现自己能够持久地处于这种美好的幸福和快乐的状态，以为这就是苦苦寻找的目标所在。我做到了！我得到启迪了！此时，专注力在心中油然而生，史无前例的宁静感出乎意料地包围了你，具有非常敏锐地穿透力，逐渐将你带到新一个境界的门扉处。在接下来的时间中，你的注意力会更加集中，更加深邃。就这样，一种独特的信心在你身上散发开来。勇往直前，永不妥协，就好像心脏正以一种无法抵挡的力量膨胀，要表达出炽热的情感和知觉。特别是在面对日常生活中司空见惯的事情时，这种感觉尤其明显。看到一片新生的绿叶，你会恍然大悟，一下子明白了存在的奥秘。生命无限，循环往复，如四季更替不断地轮回着。集中注意力、持久注意力、愉悦、极乐和思想单纯这5种现象组成了第1步骤——专注力。无论它们是单个出现，自然而发，还是全然不是这一回事，都不要太放在心上。它们的发生与否和个人修习的成果无关，但是和是否专心集中于冥想对象是戚戚相关的。修习者没有感受到任何体验，修习波澜不惊，但是冥想稳定而渐进。如果是这样，和各种体验如潮水般相继涌来的冥想相比，修习在进展方面是毫不逊色的。毕竟，修习的终极目标是感知和领悟，即自由。所以，即使目前没有任何感受和体验，也不是大不了的事。继续冥想，冥想；然后，有一天……

第114天
勇于探索未知世界

感知

世界消失了，眼前一片黑暗；天堂消失了，就失去了光明。

沉思

一片未知的世界隐藏于可知的现实背后，我有足够的勇气纵身跃入其中吗？我的安全感大多来自于对事实的掌握和了解。但是，这种了解和我脑海中的幻象一样，都不会持久。随着时间流逝，就会失去效力。我能够不理会这尘世，也暂时忘却天堂，活在无知的黑暗中吗？除非是精神修习真正的胜利者，否则，我们凡夫俗子如何有这种敏感的知觉试图去探索自己的生命以外的东西？

冥想

继续进行鼻尖专注力的练习。

日记：

_____

_____

_____

日期 _____

第 115 天
不被大脑的猜疑迷惑

感知

暴风雨袭来时，棕榈随风弯曲，却从不曾折断。

沉思

外在环境、内心世界等方方面面都可滋生出怀疑。为什么将我生命中的要事置之不理而成为一个孤独的冥想者呢？这样可能使我越来越脱离朋友的圈子。而且，无论从哪个方面看，我都不是一个优秀的冥想者，我甚至根本不知道前方在何处。或许，我永远不会改变，永远得不到提升。我踏上了追寻启迪的漫漫征程，现在心中只想到自己，应该为此感到羞愧。其实，我已经将自己置身于本来不必要的危险境地中，不断地去试验大脑。假如有突发情况发生时，我毫无抵抗之力，不堪一击。但是，我不是一个躲躲藏藏活在温室中的人，命中注定我的生活将更加完美，更加成功。

如此这般，大脑疑虑重重，生出一个又一个的疑惑，好像它深谙此道。不过，已经太迟了。冥想中，我看到了从不曾见过的景象，感受到了从不曾有过的体验。同时，我知道冥想的魔力远不止于此，生活正在发生各种各样的改变。胜利者永不退缩，即使是面对巨大的猜疑时也从不言败。我正成为一个真正的胜利者。

冥想

不管修习带给你什么，心满意足地接受。这种不带任何企图的坚持，温和但坚韧，会在潜移默化中促进修习的进展，让你自然过渡到下一个阶段。在此，刚开始时，你"击钟"，把注意力转移到对呼吸的感受上；然后注意力集中越来越稳定，越来越持久，无须再次以锤击钟，钟声也能持续不断地传出来。这时候，有些冥想者会有幸福和快乐的感受，专心也能油然而生。如果是这样，不要立刻忙着去强迫大脑重新回到呼吸感受上，可暂时留心观察思绪升起的感觉，熟悉它们的产生和消失过程。但是，不可跟着感觉走，也不要试图摆脱它。各种感觉在适当的时机会自行消散。继续进行鼻尖专注力的练习。

日记：

_____

_____

_____

日期 _____

第 116 天
松开手，让该离去的离去

感知

愚蠢的人永远看不见世界在闪闪发光。

沉思

曾经喜闻乐见的事物现在已经失去了它们对我的吸引力，我感觉到有一丝淡淡的忧伤和悲愁。我发现自己一周至少有那么一次变得非常多愁善感。难以名状的感觉，就好像在机场送别一位至交好友，你挥手说再见，同时知道有生之年你们不会再相见，于是潸然泪下。虽然是痛苦的忧伤，但这很有可能是修习深入的迹象。有时候总是执着于某些事情舍不得松手，对于其中的原因，我想我终于略知一二了。痛苦如此深刻，因此根本松不开手。尽管如此，天下没有不散的筵席，该走的总会走。

冥想

冥想中有很多不确定因子，给你以许多意料之外的感受和体验。对所有发生的事，都要一视同仁。观察它，注意它，然后让它按照自己的方式走自己的路。无论是好还是坏，受到启迪还是受到惊吓，都无关紧要。好像噩梦醒来，你知道梦并不真实；令人害怕的事情即使出现，但只要视其为短暂的幻影，经过大脑，如云聚云散般很快消失，那么就不会有任何负面的影响。这些事情在引起恐慌的同时能够训练你的专注力，增强大脑对周围环境干扰的免疫力。所有事物都如昙花一现般短暂，当它们继续向前发展时，你总是还在原地徘徊，一定要改变。继续进行鼻尖专注力的练习。

日记：

_____

_____

日期 _____

第 117 天
回归自我本来

感知

雨水落下，汇合成细流，欢笑着奔向河流，重新回到当初来的地方。

沉思

我能具体说出我在这里某地，你在那里某地，可是自我的本源却另在一个我说不出名字的地方。在我身心存在之外某个比较深邃的层次上，单一性是不是有可能存在呢？很多思维和想法在我心中根深蒂固，有些会阻碍修习的进展，因此必须要清除干净。但是，具体要整理哪些才能获得这种合二为一的意识呢？

冥想

现在，你对修习越来越有信心了，这一点毫无疑问。虽然不同的人以各种方式体验着精神性，但是无论是哪种方式都是清晰可辨的。你能清楚地辨识它们，不过为了防止延误下一阶段的冥想，要小心对待这种表征性的现象。把自己想象成一个伟大的冥想者，高高在上，不仅感觉别扭，而且还会让你无法体验后面即将出现的更为美妙的事物。继续进行鼻尖专注力的练习。

日记：

日期 _____

第 118 天
像对待修习一样对待生活

感知

什么也不要做，但是事情还是会井然有序，被安排得妥妥当当。

沉思

冥想在不知不觉中融入了你的日常生活。让我惊奇的是，心目中的责任意识更加强烈，也不再怨声载道，于是坐立时，腰板自然挺直。生活中的喜怒哀乐来来去去，如潮起潮落，和冥想过程中脑海中升起、散去的思绪并无差异，永远都是"此时此刻"。现在，我发现，有时候对待生活就像修习中的呼吸观照一样。

冥想

日复一日，坚持不懈，不带任何期盼和目的，这就是修习的关键所在。在你的大脑完全放松进入修习之前，必须先让内在的世界平静下来。继续进行鼻尖专注力的练习。

日记：

_____

_____

_____

日期 _____

新的冥想对象

冥想中，有些时候大脑能够毫不分心地集中注意力，你完全相信它，因此对呼吸的专注感受进行得得心应手。就好像信任一个人，你搭上他的车在全国范围内旅行，一点也不担心会上当受骗，十分惬意地坐着，身心放松，一心一意地只欣赏沿途风光。这种信心使你能够进入专注力阶段的下一个重要步骤。击钟（注意力集中于冥想对象），钟声源源不断地传出来（注意力持续集中而不分散），然后，你会发现大脑开始观察它自己！非常奇妙！与此同时还可能伴随有愉快、极乐的感觉以及专心的状态。

可以从多个方面分析该现象，比如：灵光乍现，脑海中刹那电光火石；感到快乐像暴风骤雨般袭来；大脑一片空无，像出现空白的屏幕；呼吸愈发清晰，气体流遍周身，通过身体的每一个毛孔；白光倾泻而下，笼罩全身。大脑不由自主地被吸引过去，很自然地沉浸于其中。你的本能反应就是按照例常重新回到冥想对象，于是，这种"大脑观察大脑"的全新体验就结束了。当你在以前的冥想对象和新的体验之间来回地往返时，其实已经进入到了一个新的境界，即你能够心无旁骛地将注意力集中于新的冥想对象了。这时候，注意力非常专注，可以毫不费力地集中于冥想对象，而且不再下意识地去观照体位和呼吸。

第 119 天
摆脱心事重重的状态

感知

最不应该做的就是心事重重。

沉思

有时候，我不知忧愁是什么滋味。爱情来了就来了！并不是说我害怕事情出现，事情就不会降临了。现在，害怕早就无影无踪，到底是什么取代了它呢？

冥想

继续进行鼻尖专注力的练习；如果出现了新的冥想对象，可将注意力转移并始终集中于其上。开始坐下来时，调整好身体的姿势，进入冥想后就不要再关注这些细枝末节。从现在开始，你不需要时刻检查体位是否正确以便及时纠正。重要的是将注意力集中于新的冥想对象。当然，并不是所有的冥想者都会有这样的体验；事实上很多冥想者根本不会接触到任何新的冥想对象。即使没有，也无关紧要，这并不会影响到修习的进展。千万不要耿耿于怀，甚至在脑海中想象一个出来，那将得不偿失。

日记：

_____

_____

_____

日期 _____

第 120 天
自觉地制定人生目标

感知

自己的小小世界，再渺小，再微不足道，对我们自身来讲，也是整个宇宙。

沉思

我无法拒绝成功，心中念念不忘要出人头地。我走火入魔般地迷恋成功带给我的感觉，精神百倍、朝气蓬勃。但是我发现，达到一个目标后，无形的失落感会悄悄潜入内心，让我寝食难安，催促着我迅速投身于下一个奋斗目标。为什么不能置身事外？为什么不能自发性地制定目标呢？也许是因为我认为这样生活，显得太平淡无奇，至少我自己持这种看法。没有计划，没有目标，那么活着还有什么意义呢？不过，依然还是将自己卷入了其中，不是吗？

冥想

继续专注力的练习，注意力集中于鼻尖部位或是新的冥想对象。

日记：

_____

_____

_____

日期 _____

第 121 天
以大脑观察大脑

感知

收藏、积累不过是人生帆船上那些讨厌的鸥鸦，别无是处。

沉思

我习惯于积累东西，然后视为珍宝。所以并不是因为性格独特，我才不厌其烦地将修习进行下去的。冥想过程中，思想能够平息下来，让我觉得非常放松，身心得到舒缓。

冥想

　　不要去分析修习的子丑寅卯，跟着它的节奏即可。每节修习开始前，先进行预备练习和鼻尖专注力的练习，在此过程中可能出现欢乐感和快乐感以及大脑的专心。不管任何时候，即使是处在各种奇妙的身心体验中，一旦出现新的冥想对象，立刻以之取代鼻尖呼吸部位。此时，"大脑观察大脑"，抹去心中"我在冥想"的感觉，也不要去想有关冥想对象的事，更不要刻意去留意身体的姿势和呼吸。全身心地关注新的冥想对象即可。一般来说，冥想对象的每次出现都不会有很大差别，看上去或者感觉上都是一样的；有时候好像就在你的心脏区域附近。争取在每次修习时，都让该对象出现。冥想首先从 3 个步骤的深呼吸热身开始，然后慢慢开启 7 个能量中心，同时将注意力集中于鼻尖呼吸部位。让大脑按照自己的方式寻找到那神奇的冥想对象，不要任意加以干涉。除了稳定的专注以外，心中一片空无，整个人完全沉浸于愉快、快乐的感受和心无旁骛的专注中。如果冥想对象变成一束白光，可将白光放大到与头差不多大小的尺寸，然后沐浴于其中。

日记：

_____

_____

_____

日期 _____

第 122 天
无畏无悔地追求梦想

感知

　　追求梦想的人无畏无悔。

沉思

踏上追求启迪的道路需要莫大的勇气。在我的幻想和启迪之间似乎隔着一座陡峭的悬崖，伫立其上很难跨越过去，而且更糟糕的是：我还有严重的恐高症！理智的大脑告诉我这一跨越存在巨大的风险。

冥想

继续进行鼻尖专注力的练习或者将注意力集中于冥想对象进行练习。冥想过程中，如果出现"大脑观照大脑"的现象，一定要竭尽全力去维持这种状态。反复进行该阶段的练习于修习的意义重大。如果能够重新顺利地寻找到冥想对象，不但有助于本阶段的修习，而且可以帮助开发出下一阶段将要精进的部位和区域。在日常生活中，时刻把冥想对象放在心上。清晨起床后利用几分钟时间练习一下，这样，冥想对象一整天都会盘旋在脑海中。当然，保持专注的同时，在操作机器或开车时要格外小心安全。

日记：

_____

_____

_____

日期 _____

第 123 天
谨慎使用大脑

感知

亦步亦趋，越来越接近虚无的状态。

沉思

如同行走于冰山陡峭的一面，战战兢兢，每迈出一步都要酝酿很久。我必须弄清楚此时此刻我是谁，我该怎样做。即使我不喜欢自己，心中对这种不喜欢也应一清二楚，保持足够清明的意识。人只有完全认识自我才能不断进步。

冥想

现在你的修习正逐步深入。人的 6 种官能——视觉、听觉、味觉、触觉、感觉以及大脑的思考能力是受到诸多限制的，比如空间、距离、时间和维度等。当精神性浮起时，所有这些感官功能都会暂时静止而处于睡眠状态；潜意识开始活动，在大脑中形成一个形象并将之作为冥想对象。潜意识具有影像般的质感，不能用逻辑思维去理解，也无法用语言解释，但是人能够感觉到它的存在。只要脑海中浮现出相应的画面，就可立刻将注意力集中于其上，然后不断深入，在此基础上开始下一步的修习。这里给你一个忠告：如果提前阅读本书，或者心中抱有一定的期盼，希望这种情况快点出现，那么注意力就很容易分散，从而延误修习的进展。除此之外，实际练习时遇到的事情可能更加细致精妙，远远超出能够解释的范围。要记得，你的大脑对精神世界一无所知，所以千万不能让大脑在冥想中一马当先。生活中也应如此，三思而后行。不过，对人而言，大脑是不可或缺的工具，但是只有等时机成熟，才能利用它达到预期目标，否则只能起到反作用。继续专注力的练习，专注的对象可以是鼻尖部位，也可以是新的冥想对象。

日记：

_____

_____

_____

日期 _____

第 124 天
体验 "无我" 的境界

感知

如同喧嚣的大海，后浪推前浪，汹涌澎湃地冲向海岸，结果只是拍击一下就匆匆退去。我的欲望也是如此，来去匆匆，兴致勃勃而来，意兴阑珊地结束。

沉思

日常生活中，就像在冥想过程中感受呼吸一样，我开始留意身体和精神上的感觉。我发现自己能够冷静地观察沮丧、开心、温柔和厌恶等各种情绪，仿佛一个旁观者看着别人的事，置身事外。很多时候，我可以不动声色地看着它们升起、消失。

冥想

当冥想对象出现，外在的各种感觉消失时，你也突然不见了。也许这就算是你对无我的初次接触和感受。大脑很难确切地理解，但非常奇妙的是，这种现象会给你无限的信心，让你心领神会。继续专注力的练习，专注的对象可是鼻尖部位，也可是新的冥想对象。

日记：

_____

_____

_____

日期 _____

第 125 天
从醒来开始关注大脑的活动

感知

我的梦里有生活，抑或生活本身就是一场梦？

沉思

从早晨清醒的那一刻开始至夜晚入睡，我的大脑一刻不停地运转着，甚至在睡着后还不休息——做梦。我特别留意过：一大早还没干什么事情之前大脑的活动是不由自主地发生的。逐渐地，我发现如果先掌握其活动发生的规律，那么在以后的日子中就有很大可能引导并掌控它的发生和停止。

冥想

最终你会发现思想就像计算机文件，不过是一堆死沉的存储资料。因为这些思想始终停留在一个固定的角落，和精神本体格格不入。你可让它们我行我素、自生自灭。当你认为它们不再重要时，思想就会变得虚无缥缈起来，于是你再也不会死死抓着不放了。然后，精神感验变得越来越清晰，直到塑造出一个全新的、非常美妙的自我。继续专注力的练习，专注的对象可是鼻尖部位，也可是新的冥想对象。

日记：

_____

_____

_____

日期 _____

第 126 天
从对外界的关注转向对内在世界的探寻

感知

在梦中恬然安睡，黎明悄悄降临。

沉思

哪些是我可以依赖的庇护所呢？银行存款、健康的体魄、宗教信仰或是亲朋好友？庇护所是危难时刻安全的港湾，我能够从中寻求栖息和佑护。暂时忘掉尘世的纷争和困扰，眼前一片平和，看不到任何疾苦。就像长眠于地下一样静谧。

冥想

以前你的兴趣和热情的焦点都与现实中的世界息息相关；但是现在，内在的世界如同一个磁场慢慢将你的视线吸引过来，注意力向内转并发现了新的精神本体。在此，由外部凡尘俗世向内部精神领域的转变过程中，每节修习前打开的 7 个能量中心开始汇聚能量并快速旋转。继续专注力的练习，专注的对象可是鼻尖部位，也可是新的冥想对象。

日记：

_____

_____

_____

日期 _____

第 127 天
义无反顾，不断奋进

感知

无论是风驰电掣般，还是慢条斯理，最终你都会找到它！

沉思

想重新选择是否开始修习，为时已晚！现在半途而废，我只会在世俗和精神两个极端之间陷入进退两难的境地，两者不可兼得。因此，我必须不断奋进，直到不再需要奋进为止。我一定会到达目的地的。

冥想

精神世界的敏感度增强会给你的生活带来一定的变化。为了修习的顺利进行，你必须要改变一些事情。身心时刻准备，在必要的时候能够迅速而及时地做出调整，循序渐进。继续专注力的练习，专注的对象可是鼻尖部位，也可是新的冥想对象。两者均可深入至内心，停留、继续精进。

日记：

_____

_____

_____

日期 _____

第 128 天
和生活保持一定的距离

感知

谦卑者从冥想中获益颇多，超过他们在尘世中的所得。

沉思

当我离开依附终身的支持后，仿佛一下子落进了奔腾的湍流，乘风破浪。我既离不开笃信的美丽天堂，也无法脱离生活数十年的尘世，总会感到强烈而莫名的失落感，无立足之地，找不到方向。也许这就是精神世界的贫瘠。这么多年来，我为自己创造了一座高峰，并不遗余力地向上攀登。现在应该放松了，就从精神贫乏处向下纵身一跃，开始做自由落体运动。否则，我将活在物质和精神都极度匮乏的世界中。

冥想

精神本体逐渐改变了你的情感，因此你会从截然不同的视角重新审视生活。爱，不再受到种种限制，像温暖的阳光洒向广阔的大地。贪婪、仇恨慢慢平息，于是烦心琐事都会烟消云散，不再让你为之苦恼不已。你平静地生活，外界纷扰都与你无关。虽然人生的角色没有变换，该履行的职责还将继续，但是心境和视角却不一样了：和生活保持一定的距离，若即若离。其实，心中的热情和爱却是逐渐升温。继续专注力的练习，专注的对象可是鼻尖部位，也可是新的冥想对象。

日记：

_____

_____

_____

日期 _____

第 129 天
韬光养晦，静待时机

感知

深藏着蓄势待发，等待着最佳时机！

沉思

过去，我总是匆匆忙忙，仓促行事，但是现在我发现自己已不再如此。只想不慌不忙地坐下来，静静地等待，沉浸于心中升腾起来的情感，似乎对一切胸有成竹。

冥想

本阶段的修习中，不必要安排固定的时间点来冥想，冥想的持续长度也没有严格的限制。根据个人所需设置即可。继续专注力的练习。你的精神敏感度和精神本体逐渐占据主导地位。

日记：

_____

_____

_____

日期 _____

第 130 天
将注意力集中在当下

感知

时间在这一片刻凝固为永恒。

沉思

如果我能够将注意力完全集中于此时此刻，既不回首过往，也不期盼未来，那么从眼前的片刻中会发现什么呢？

冥想

不要经常变动修习程序或试图掌控其发展进程。被动地接受练习过程，让它带着你走就好。要相信：作为一个初学者，你正不断取得进步！继续进行专注力的练习。

日记：

_____

_____

_____

日期 _____

第 131 天
给生活制订计划

感知

做事情应从长计议；今天的计划一定会在将来的日子中让你受益良多。

沉思

平凡人关乎生存、生活的世俗烦恼是理所当然的，无可厚非。但是，只要全心投入此时此刻，我的意识就能超越这些困扰。对于强身健体，履行职责，我几乎别无选择，只能按照既定的轨道运行。但是，出乎意料的是，带着新的觉知去生活，一切似乎变得简单起来。我发现自己不再趋炎附势，也不再独断专行，办事效率极高，心中洋溢着爱。除非大脑重新恢

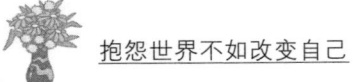

复其对自我的控制力，重新构思布局，否则一切困难都不会再光顾我。

冥想

继续以热身练习开始，然后是鼻尖专注力的练习，一直坚持到新的冥想对象出现为止。如果没有新的冥想对象出现，也属于正常的现象。千万不要逼着自己去获得新的冥想对象，只要将修习一如既往地做下去即可。如果冥想对象的确出现了，即使不是在冥想过程中，在清晨醒来后、夜晚入眠或是其他什么时候等等，时时刻刻都要把它放在心中。冥想不可能独立于生活，两者应该是你中有我、我中有你的关系。

日记：

_____

_____

_____

日期 _____

第 132 天
心中一片纯净，不抱期盼

感知

为什么一片雪花都能让孩童惊叹良久？也许没有人告诉他们应该期盼什么，所以他们心中是纯净的空白。

沉思

生活中不如意的事十之八九，时有失落，也许是跟最初的期盼有关吧？我希望事情是这个样子，但是结果全然不是，这时候，我心中的平衡意识就奇怪地被打破了。人要是没有期盼和希望，生活会怎样呢？枯燥无聊，也许了无生趣？玩过山车时上下穿梭，呼啸而过，也许我喜欢这种很过瘾的感觉。但是兴奋的情绪消失后，还剩下什么呢？那时候我的感觉如何？会怎样应对？

冥想

继续例常的练习。如果没有出现任何新的冥想对象，仔细留意脑海中的细微变化，并保持观照。如果有必要，任何时候都可以重新回到对呼吸的感受上。注意大脑的思维活动。要知道思想是很微妙的。

日记：

_____

_____

_____

日期 _____

第 133 天
用爱感化世界

感知

做大事，默默无闻，心中始终有一份责任感即可。

沉思

我了解自己的性格吗？忠实可靠、才思敏捷、贪婪无度、痴心妄想还是投机取巧呢？或许是这些所有特质的综合体？不过有一点我可以确定：其中肯定有一两样占据主导。在这一两样特质的作用下，人就形成了一种特定的性格：贪婪和仇恨，为了生存下去，通常贪婪和仇恨两者并举。于是，种种渴望应运而生，我们希望事情的发生和发展能够按照自己的方式进行；或者希望事情不会发生，事情就真的不会发生。我们的一举一动似乎都充满了阴谋诡计，野心勃勃，盼着自己能够在众人中脱颖而出。争名

夺利，尔虞我诈，并为此展开杀戮和战争。整个世界成了一个完全功利化的社会，爱、理解、尊重都被抛到了九霄云外。结果会怎样？我们将去向何处？世界有可能改变吗？我自己能改变吗？

冥想

如果能够在冥想过程中对大脑的思想活动置若罔闻，那么其实你已经暂时摆脱了自己的个性。因为人的性格就是由思想造成的。但是说到思想，它又受到精神的影响。因此，你会一直处于变化过程中，直到精神的本质浮现出来。继续进行专注力的练习。

日记：

——————————————————————

——————————————————————

——————————————————————

日期 ——————————

第 134 天
远离贪婪和仇恨

感知

隐遁……隔离……难能可贵！

沉思

昨天我静静地坐在海边的沙滩上。海鸟振翅高飞，去浩瀚的大海寻找它们的美食；为了探求自我的本质，我不也正在寻寻觅觅吗？四周静谧，只有浪花哗哗地拍击海岸，时断时续；阳光炽热，撒在金黄的沙滩。仿佛在突然间，世界消失了。天地间只有我、海浪、沙滩。一切就这么简单。

冥想

贪婪、仇恨这两样曾经困扰你很久的情绪，现在在冥想过程中都不复存在了。感觉如此自由欢畅！继续进行专注力的练习，专注的对象可以是鼻尖部位，也可以是新的冥想对象。

日记：

_____

_____

_____

日期 _____

第 135 天
探索人类不幸的根源

感知

点燃的蜡烛自两端向中间燃烧。

沉思

毫无疑问，冥想正在悄悄地影响着我的生活；反之，这种新生活也促进了冥想不断深入。我下定决心，从此刻开始去探索人类的不幸，并发掘出解决自身苦难的方法。与人共处时和颜悦色如春风和煦，一言一行须循规蹈矩、尽职尽守，好好地活着，不给他人带来任何伤害。我将坚持不懈地进行修习，更加专心，注意力更加集中，心中的求知欲比以前更强烈。

冥想

也许，现在你会体验到一些清晰明朗的感觉。虽然也还忽明忽暗，但

是当你能够以全新的视角看待问题时，清晰度会越来越高。不过，这种清晰、透明来得非常缓慢，所以你可以全心享受变化的每一刻。每天一丝不苟地完成安排好的修习计划。继续进行专注力的练习，专注的对象可以是鼻尖部位，也可以是新的冥想对象。

日记：

_____

_____

_____

日期 _____

第 136 天
在逆境中磨砺自我

感知

对每个事物都怀有质疑、探究的心理。

沉思

除非有一天，我感觉到自己的精神生活陷入了危险境地，一种前所未有的危机感蔓延开来。只有这个时候，这种体验才能让修习继续深入。而现在，我的生活舒适、安逸，几乎接近于颓废，想要获得岌岌可危的感受似乎不太可能。大脑总是想入非非，试图从欲望满盈的世界中寻求刺激，并且无视基本的现实状况而陷入其中不能自拔。只有在大难来临的时候，我骚动的内心才会平息。修习一开始的时候，我对此就非常清楚。因此，我别无选择，只有暂时从熟悉的生活中逃遁出来，给躁动不安的内心寻找一方静谧的土地。一旦内在的世界达到一定的平和后，我就会以一双全新的眼睛审视尘世，并且不打算回头，执着地走下去。

冥想

专心致志地练习，千万不要三心二意。现阶段是修习进展的关键时期。

日记：

_____

_____

_____

日期 _____

第 137 天
为成功做好准备

感知

最后，你整个人会崩溃。

沉思

在暴风骤雨袭来之前，我最好做好准备。指挥没有经过严格训练的士兵上战场只会一败涂地。我不能这样，绝不打无准备之仗。从现在开始，时刻准备着，直到对精神本体了如指掌。在能力所及范围之内，相信自己应该有恒心、决心将修习坚持下去。

冥想

稳定而渐进。在修习渐入佳境时，让修习指引着你的脚步。进行专注力的练习，专注的对象可是鼻尖部位，也可是新的冥想对象。

日记：

_____

_____

日期 _____

步骤2：放弃注意力

击钟，然后钟声源源不断地传出来——这种情况已经一去不复返了，现在只剩下冥想对象，笼罩于欢愉、极乐、自信和专心之中。觉知和体悟具有高度的分辨和集中能力，而且洞察到：使用和持久注意力易受到思想的影响，因此导致修习的效果不会很理想。此时，单一的意向欲成为思想的主导，但是愉悦和极乐感限制了它的发展。

进入本阶段后，无须再时刻调整和控制身体的姿势以及呼吸的深浅。当摆好身体姿势后，你需要做的事就是与冥想对象同在，其他都不需要你去关注。现在，冥想对象也可能发生改变，心中升起一股单一的专注力，也可能是一种寂静感。不管发生什么样的变化，顺其自然。大脑也不再进行喋喋不休的活动，只有"明白"的状态；更不要你再刻意去延长呼气的时间，有时候会感觉到呼吸好像停止了，这也没关系，无须担心。

一旦大脑平静下来后，就不要去打扰它，它愿意平静多久就多久。如果你开始感到疲惫，可以稍微休息一下。现在不用去考虑责任、职责等，跟大脑平静的重要性相比，其他都屈居其次。利用已经发展好的专注力保持这种平和的状态。如果有突发情况打破了这种宁静，那么就会很难重新回归。原因是：在这一来一回中，大脑失去了一部分信心。因此，要慢慢地、温和地从该状态中退出来。一定要记得自己是如何获得并保持静心的，再次静心的时候你必须借助于相同的方法和过程。

第 138 天
克服自高自大的毛病

感知

真正的勇士完全了解自己的敌人。所谓知己知彼，百战不殆。

沉思

我逐渐意识到自己的自高自大。只是基于曾经的所见所闻，所感所受，我得出了这样的结论，并且深信不疑。我觉得修习开始变得非常辛苦，也难以继续深入；说不定经过千辛万苦之后，发现所有的绩效其实是误会一场，根本不是这回事！那就得不偿失了。我持着某种观点，并从中寻求安慰；至于观点是否真实倒无关紧要。在这一点上，我的敌人失策了。我为什么要揣测他的动机呢？打败敌人比理解敌人来得更容易。自高自大显得非常肤浅，而且让人生厌。我自己的身上居然有这种特质，感觉真别扭，只能希望能够快点改变。也许，这种认识正可以帮助我克服这个难题。

冥想

继续进行专注力的练习。

日记：

_____

_____

_____

日期 _____

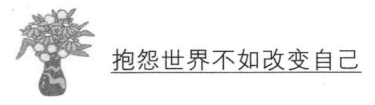

步骤3：放弃欢乐

预备练习完成后，每节修习开始前将注意力导向对呼吸的感受；击钟，并停留（将注意力集中于冥想对象，然后持久地停留）。在此以后，内在的世界可能会发生一些变化，经过欢乐、极乐等阶段，出现新的对象取代了鼻尖呼吸部位而成为专注力的新集中对象。但是现在，不仅仅是这个，很多方面都已经发生了变化。欢乐的感觉升起时，你可以敏锐地察觉到欢乐在你体内的活动。虽然这种觉知的出现只有一刹那的工夫，但却是一种新的认识，促使修习暂时免于欢乐的干扰。于是，只剩下极乐和镇静的感受，修习正逐渐转变，进入越来越平静的状态。你可以完全沉浸于平静、极乐和专注之中。平等视之，不要对其中任何一项另眼相看。既不需沾沾自喜、埋头苦干，也不需沮丧失落、松懈懒散。尽管你还会体会到极乐的感觉，但是已经没有必要紧随着不放了。本阶段的修习将更加深入和完善。

冥想过程中，有时候你如石雕般静坐，纹丝不动。身体感觉不到任何疼痛或欢乐；耳朵和眼睛仿佛失去了知觉，听不到也看不见。因此，应该事先安排好大脑的行为和活动，以便在这种时候能够借助于该行为和活动唤醒你的意识。因为该静止的状态具有活力的一面，所以你能够静坐数小时而一动不动。有些人的静坐时间甚至可以达到数天。

第139天
让平凡的生活生动起来

感知

同情那些盲目地跋涉于生活的人。活着，应尽量让凡尘俗世变得戏剧化、生动化。

沉思

冥想的深入程度有没有对我产生影响呢？一些事正悄悄发生着，远在我大脑思维所及范围之外，因为我的智力受到大脑的限制。那么大脑留给我的是什么呢？

冥想

继续进行专注力的练习。

日记：

_____

_____

_____

日期 _____

第 140 天
让事情自然而然地发展

感知

鱼咬饵了，这时候应该顺着鱼线的弧度轻轻提起鱼钩。

沉思

我总是试图控制修习的过程，希望事情按照自己的意愿发展；但是，现在我知道这种行为只会延误修习的进展，进反而成了退。终有一天，当时机成熟时，该来的事情会自然地来到我身边。到那时候，我就不必再苦苦追寻。

冥想

心中充满了祥和的平静和快乐，并将这种感觉贯穿于修习始终。这样，你会慢慢获得巨大的勇气。不用再提心吊胆，你很快会敞开心扉，认识到以

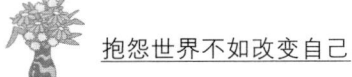

前的安全感和欢乐感不过是虚幻且短暂的，缺乏实实在在的存在性，因此只会引起数不胜数的苦恼。过去的很多感知和体验严重误解了冥想过程中出现的事物，你以为它们确实发生了，确实存在着。其实不然，所有的感悟和体验不过是转瞬即逝的幻觉和虚像，最后让你感到难以言表的忧伤。在此重新认识的过程中，你的内在始终蕴含着一种悲哀的情绪，从而阻止了欢乐感再次袭来，于是你可以长久地处于平和的寂静状态。继续进行专注力的练习。

日记：

_____

_____

_____

日期 _____

第 141 天
平和的心境比欢乐更重要

感知

这一刻，梦想、爱、死亡；多么奇妙的时刻，映像，幻觉！

沉思

渐渐地，我发现时间似乎在跟意识开玩笑。每一刻发生的事情不就是让这一刻定格为永恒了么？但是，这一刻，在时间的长河中，如沧海一粟，微不足道且转瞬即逝，怎么会成为永远呢？据天体物理学家说，整个宇宙是由一颗豌豆般大小的物质衍化而成，这过程是怎样的呢？

冥想

冥想中，欢乐感（或者对生活不切实际的安全感）会不断卷土重来，威胁着修习，使之难以深入。但是，精神本体会促使修习迅速地深入，同时防止欢乐感再次出现。此时，注意力应完全集中于修习，伴随以快乐、平和和完全清醒的意识。继续进行专注力的练习。

日记：

_____

_____

_____

日期 _____

第 142 天
扔掉多余的负担

感知

登上船只时，无论你携带什么，都会加重你的负担，成为累赘，扔掉吧！

沉思

我打算一身轻松地去旅行，不希望受到任何阻碍，但是总不能如愿。是什么让我念念不忘、难以释怀呢？

冥想

现在，你静坐，纹丝不动，沉浸于快乐、专注和觉知之中。就好像孩童仰望星空，惊叹于星空的璀璨和浩瀚，完全被吸引住了。继续进行专注力的练习。

日记：

_____

_____

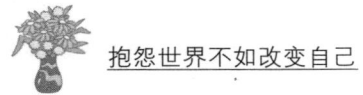

第 143 天
保持一整天的平静

感知

不管你看到什么，碰到什么，都不要有欢乐的感觉。

沉思

我看到了一些奇怪的事情，闻所未闻，而且与我以及我的整个身体都毫无关系。但是，我就在这里！身体也正在呼吸！……这一点，我的精神是理解的。

冥想

现在，你正慢慢接近专注力阶段的下一个步骤。此时，精神会引导你的脚步，不要让大脑参与进来，以免产生干扰。思维经常鬼鬼祟祟地溜进来，不动声色地影响着修习。因此，要对每件事保持紧密的观照，并乐此不疲；但是不能让它牵着你的思绪走，一定要有相对清醒的意识。冥想中，这种做法可以使精神世界达到非常微妙的平衡。继续进行专注力的练习。

日记：

_____

_____

_____

日期 _____

第 144 天
摆脱大脑的怪圈

感知

没有耐心的人将之弃于一旁，不加以理会；但是，未解之谜还是在那里等待着解决之道。

沉思

我越来越不在意修习的进展程度了。如果时刻关注进展与否，好像就无法摆脱大脑的怪圈；像我的精神，好像对什么无所谓。它到底关心什么呢？

冥想

你是不是有点怀疑快乐感的真实性？并且这种疑心主导着修习？随着意识的增强，小心翼翼地控制好这种快乐的感受。继续进行专注力的练习。

日记：

_____

_____

_____

日期 _____

第 145 天
与永恒的精神本体融合

感知

它在神圣的天堂中，在我们身边的每个角落。它就是我们自身！

沉思

该怎样透彻地描述出我对精神本体的切身感受呢？无影无踪、无色无形，超越时空的？不是空无，不是意识，不是感知，什么都不是？它的表现形式千变万化，我也是它的一个变身！因为它不可能毁灭，因此，至少有一部分的我也是永远存在的。但是，脑海中还是有一个无法根除的念头——我孤身一人，徘徊在本真之外，这种本真尚未出现，却永生。

冥想

这种快乐的感觉涌向你身体的每一个部位，思想的每一个角落；甚至在冥想结束后余味还会萦绕许久。专注和平静也会持续，和快乐感三者融为一体，释放出巨大的能量，让你的内在充满温柔的慈悲和热情，同时保持一种淡然，透析生活的方方面面，带你到达从不曾涉足的领域。继续进行专注力的练习。

日记：

_____

_____

_____

日期 _____

第 146 天
内心一片纯粹的清明、安宁

感知

有时候，对心中的一些小欲小求可以不予理睬，但是心中真正的渴望和意愿却不能置之不理。

沉思

体验到了内在世界的精神本体后，我的整个人都随之发生了改变。一定要经历相关的修习阶段，研究书本、树立信念和跟随指导禅师都不可能让我获得这份特别的感触。大脑完全平息下来，出现静谧的空无状态。这时候，曾经的想法、领悟、误解和教条都会慢慢从记忆中消退，内在的天空出现一片纯粹的清明、安宁。然后，我的精髓，即我的存在才会从意识中浮现出来。于是，我惊奇地发现，精神的本质属性不光取决于我的内在思想，而且取决于整个我。

冥想

当你完全沉浸于快乐感和宁静的状态时，是感觉不到任何肉体上的疼痛的。修习能够带来非常奇妙的影响，使得人体一般的感觉和意识变得模糊起来。继续进行专注力的练习。

日记：

_____

_____

_____

日期 _____

第147天
不被世俗的快乐所牵绊

感知

世俗的快乐，就好像抓住了蛇尾的七寸之处。

沉思

生活中，赖以生存的事物似乎紧紧地束缚了我，总是从某个角度让我为之付出代价。

冥想

我们重新检查一下修习的步骤：先是以 3 个回合的呼吸调息作为预备练习；然后循环于 7 个能量中心，进行白光练习。在此达到身心的平衡，减少思想和身体回归初始状态的可能性。如果在你一坐下来或者在坐下来开始冥想之前，这种"大脑观照大脑"的冥想对象就已经出现，也还是先进行预备练习后再将注意力集中于其上。如果没有出现冥想对象，继续鼻尖专注力的练习即可。现在大脑已经能准确而迅速地辨别出欢乐感的负面影响，因此任何欢乐感很快被你放弃，所有的专注力都转向了冥想对象，整个身心处于一片祥和、安宁的氛围。

日记：

_____

_____

_____

日期 _____

第 148 天
以归零的心态对待生活

感知

你感觉自己的修习举步维艰，但是进步确确实实在发生着。

沉思

最终使我获得自由的是什么呢？精神启迪本身，还是我为之而付出的努力？不管怎样，不得不承认，个人努力实在是微不足道。因此，可以肯定只有精神启迪才能将我释放。我只有耐心等待。

冥想

不要以为修习坚持了一段时间，你就觉得自己的冥想经验已经很丰富了；千万不要有这种想法，永远以一个初学者的姿态和心态来看待冥想。严谨地执行各个动作过程，尤其是在精神和思想开始厌倦并蠢蠢欲动的时候。擦亮眼睛，每一刻都是崭新的。继续进行专注力的练习。

日记：

_____

_____

_____

日期 _____

第 149 天
大脑不再喧嚣

感知

大脑不再喧嚣，平静中我看到一片肃穆的森林。

沉思

清晨，树林里凉风送爽，松针窃窃私语，在微露的曙光中摇曳。有时候，我非常渴望能够独自一人居住于此。但是，看看身边的人、事、物，怎样才能做到独自一人呢？林子那么静美，想起来时，向往的眼泪似乎就

要夺眶而出。

冥想

现在，用怀疑的目光打量快乐感。继续进行专注力的练习。

日记：

_____

_____

_____

日期 _____

第 150 天
暂时离开繁忙的世界

感知

世间万物和谐统一，却又不尽相同。

沉思

也许我可以暂时离开这繁忙的世界，独自一人到那些寂静的山林中居住上三年五载。在那里，我可以一心一意地琢磨自我，但是到底能发现什么呢？

冥想

每节修习开始前，应心无杂念，就好像初次练习一样，充满新鲜感和好奇感。如果事先计划好在 3 个回合的热身呼吸后立即转入比较深层的状态，那么就违背了修习进展的一般轨道，于进展无益。因此一定要随着精神本体的牵引，顺其自然。记着正常的修习程序：先是 3 个回合的呼吸调息，然后是鼻尖专注力的练习，一直到出现冥想对象，最后将专注力完全集中于其上。在此之后的事情受到其他因素的影响，就不是你所能控制的了。真实的冥想感知和体验绝对不会取决于个人意志。观照对呼吸的感受，这一点至关重要。但是急于求成，欲进入比较高深的冥想境界，就会像象鼻虫企图攀上花岗岩垒砌的高山一样，白费力气而已。

日记：

_____

_____

日期 _____

第 151 天
停止追名逐利的生活

感知

一颗子弹呼啸而出；一头鹿应声倒地。宇宙消失了。

沉思

在追名夺利的同时，内心深处是不是就有一个弱点暴露在众目睽睽之下了呢？但是，当我停下来，不再苦苦追求时，思想并不清明、纯粹，这反映了什么呢？

冥想

继续进行专注力的练习。

日记：

_____

_____

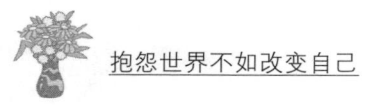

步骤 4：放弃极乐

随着修习的进展，你对所体验到的极乐感的怀疑也越来越强烈。直到有一天你终于发现：它实际上是一种潜在的危险。感觉太舒适、轻松了，根本无法接近真正的悲痛和快乐。怀着这种知觉，快乐感很快就消失不见了！你可能会认为失去这种与欢乐休戚相关的感觉，人会觉得非常痛苦，充满失落感；其实不然，你并没有失去它，它只是以更为成熟的形式存在着，让人甘之如饴。当摆脱掉伴随你许久的感觉时，还剩下什么呢？是令人难以置信的静寂、镇定和温柔的慈悲心，超乎平静之外的一种漠然，以及对冥想对象一心一意的专注。所有的种种都为冥想的进一步深入铺好了路。很快，在精神本体的感染下，你会体验到更多细微精妙的冥想对象；同时，在完全的专注中慢慢领略纯粹的宁和。现在这个阶段中，有时候呼吸好像停滞了。不要管它，继续修习即可。如果你能克服掉呼吸停滞给你带来的死亡感，那么在探索死亡的本质方面，你将获得莫大的感知。

第 152 天
在宁静中超越快乐和悲伤

感知

你真的在寻找最终的自由吗？

沉思

快乐感消退后，你明白了一件事：最终的自由是指完完全全的自由。人生并不总是顺心如意，你需要克服负面的情绪；当然也有欢声笑语的时候，同样，兴奋的神经也需要释放出来以获得自由。两者相辅相成，密不可分，最终的自由在两者之间，将如何选择呢？

冥想

令人欣慰的是，心中的贪婪、仇恨的情感已经杳无影踪。取而代之的是一片无声的宁静。像吹来一股清新的风，你深呼吸，于是所有快乐的、沮丧的心绪烟消云散。除非亲身体验，否则很难领会其中之妙。但是，这种宁静不仅仅是没有快乐和悲伤的困扰，而是一种截然不同的感觉；好像什么都不是，又好像什么都是。它公正无私，宁静中蕴含着巨大的能量，席卷而来，甚至强烈的快乐感都无法抵挡其威力而退居其次。继续专注力的练习。

日记：

_____

_____

_____

日期 _____

第 153 天
以全新的视角面对现实

感知

世界因为有了黑暗才有光明。

沉思

此时此刻，就在这里，我内在的世界无所不包。除此之外，还有什么呢？而我唯一需要做的就是观察、观照。夜空看上去深黑似漆。其实在黑暗中充满了光，只是没有电光火石来激发出其中的光亮。我自身是不是也同样如此，由光线包围、填充呢？缺少的不过是用以引火照亮的什物。

冥想

宁静具有一种神奇的天赋力量，可以让专注力更加精深。当内心升起对万事万物都若即若离的感觉时，你就获得了全新的视角。之前，很多事情都让你无法释手，念念不忘；因此你总沉湎于内心的世界不得脱身。而现在，你则被赋予了足够的勇气，坦然面对现实。你的世界没有发生任何改变，一如往昔，任你畅游，但是你不再是以前的你——你获得了全新的视角。不要试图去分析、理解这种宁静——无济于事，只要细细地体会即可。继续进行专注力的练习。

日记：

_____

_____

_____

日期 _____

第 154 天
在宁静中开始新的征程

感知

曲终人散，一切都结束了？抑或仅仅是个开始？

沉思

如果说时间有始有终，那么它从哪里开始又是在哪里结束呢？开始和结束都只是时间长河中短暂的一瞬，处于不断的变动中。如果我一直停在开始的地方，不再向前行，那么会怎样？时间的流动会有什么不同吗？也许根本就没有所谓的时间了；也许时间不过是我的幻想而已。

冥想

难道还有什么状态比宁静更深入吗？毫无疑问，你以为这种宁静已经到了修习的顶峰。事实是，不过刚刚开始！万里征程方踏出微小的一步！继续进行专注力的练习。

日记：

_____

_____

_____

日期 _____

第 155 天
思索宇宙的起源

感知

愚蠢的人无所事事地活着，醉生梦死；而明智的人则抓住活着的每一分每一秒，如痴如狂。

沉思

一棵树，多么神奇啊！完美极致！高大挺拔的橡树，如此隽秀；由一颗橡子发展而来。是什么孕育了它？将橡子种植于泥土、精心照料，最终使之成长为高大的树？这是不是宇宙的缩影呢？从一颗种子开始，发展、壮大，逐渐延伸至整个时空，同时把新的种子播撒向四面八方。地上落叶缤纷，我对之陷入了沉思；然后抬头，看到枝干上新生的绿叶，在那一瞬间，我恍然大悟，明白了所有尘世万物的生死轮回。我，作为一个人，怎样才算是死亡呢？很多事情，我永远都无法看透；但是，今天，暂且放下这个问题，这已经不重要了。此时此刻，在我心中，一切都完美无瑕，无懈可击。

冥想

冥想过程中会发生种种稀奇古怪的事情，追本溯源都来自于你自身，别无他处。其实，从修习的第1天开始，它们就与你同在。原来，修习一开始时你就受到了启迪，只是你没有意识到罢了。而冥想，也不是产生这些事情的唯一途径。也就是说，并不是只有通过冥想才能获得类似的感知和体验；无论何时何地，它们能够在任何人身上发生，让人呼吸停止，内心充满敬畏。很多人以为这就是启迪的感受。事实并非如此。为了将目前的感知和体验深入，并真正了解启迪的真谛，是需要接受相关指引的。你的精神本体离你很近——就存在于你内心。需要你不断地努力，彻底摆脱内心的烦乱状态，它才能浮现出来。继续进行专注力的练习。

日记：

_____

_____

_____

日期 _____

第 156 天
从根本上改正自己的缺陷

感知

尝试的过程中布满矛盾和冲突。

沉思

我没有办法做到直接改变自我。太过莽撞激烈了，好像在扼杀自己。但是，如果自我改变不了，该如何是好呢？凄凄惨惨，惶恐度日？不！我会以间接的方法去面对这个问题，悄悄从后门潜入，乘其不备给予其一击，从根处摧毁我所不满意的自我部分。一劳永逸，而不只是在表面做花里胡哨的工作。我会停下来，真诚地、深入地观察自己。我相信，只有发自内心的观照，才能够产生出巨大的力量促使自我改变；如果盲目行事，掉以轻心，事情反倒会变得更糟。

冥想

随着冥想的逐步深入，在意识的作用之下，每一个新的步骤都能看出前一个步骤中的不足；而这种认知又会诱发修习新的进展。但是，永远不要试图自行创造新的阶段，只要专注于目前的状态即可。详细审查每一个细节，在此过程中，你会慢慢失去对目前状态的依赖性；这样，空白就出现了。于是，新的步骤乘隙而入。继续进行专注力的练习。

日记：

_____

_____

_____

日期 _____

第 157 天
从深处发掘并改变自我

感知

教堂内不虔诚祈祷的教徒；大街上心地纯洁的圣人。

沉思

强行改变自我会带来另外一个问题：虽然我认为自己已经改变了，但可能实际上并非如此。种种困扰由显性转为隐性，潜伏在暗处。我不过是在自欺欺人，装模作样。比如说，我心平气和，就好像要出席某个重大的外交场合那样不动声色，做足了表面文章，但是根本没从深处发掘并改变自我。于是，我成了一个演技娴熟的演员，言谈举止都浮于表面，并欺骗自己说：现在，我已经是一个圣人了。

冥想

冥想过程中可能会碰到各种各样的事。产生许多虚幻的影像、看到色彩斑斓的画面、感觉体内悄悄滋生出某种力量，甚至听到对话声、窃窃私语声，这些都很正常，不足为奇。将之抛诸脑后，继续专心地进行自己的修习之旅。当影像、画面、声音出现时，可稍稍观察一会儿，就好像旅程中驻足欣赏沿途的风景。但是不能流连忘返，要特别注意那些滋生出来的力量；否则，只会延误你启迪修习的进展。继续进行专注力的练习。

日记：

_____

_____

_____

日期 _____

第 158 天
静观其变，准确出击

感知

大胆地预见。

沉思

改变自我必须首先要认清自我，而且更重要的是接纳自我。如果武断地下结论，草率行动，只会适得其反。因为采取行动会遮掩弱点和过失，使之隐而不显。但是，弱点和过失只有暴露出来才能得到解决。静观其变，不采取任何行动，从一方面看似乎是非常消极被动的举措；但从另一方面来说，则是勇敢果决的，而且行之有效。尽管感觉自己什么都没做，其实在静静地观照中蕴含着巨大的能量，其中的缘由就在于心无旁骛的专注，而这正是不采取行动的结果。

冥想

在日常事务中，如果发现自己总是心不在焉，不要觉得惊讶。曾经，你奔波于生活，不亦乐乎；现在，大脑的活动和内容已经大有不同，一度占据主导的特质和情绪也不复存在。不过，一切都会好起来。继续准确无误地实行修习，让种种非同寻常的事情自行淘汰。不要事先计划好生活，想着让事情的发展遵循你设想好的轨迹，比如，著一本书，到印第安旅行等等，这些只会干扰你的静心修习。冥想的状态越深入，思想越会巧妙地去破坏你的努力。到现在为止，你应该时刻关注自己的思想，在它们开始现身的最初就保持警觉。继续进行专注力的练习。

日记：

_____

_____

日期 _____

第 159 天
静静地观照自己的谎言

感知

观照是谎言的天敌，在它面前，自欺欺人将无遁形之处。

沉思

我仔细观察一个问题，既不带偏见，也不尝试着去解决它。过一段时间后，问题就会自行解决。无论是住在舒适的家中，还是居于简陋的洞穴，我都会保持紧密地观察、观照。那么，观照的对象是什么呢？那就是事情的真假虚实。为什么我不辞劳苦地进行挑选，并千方百计地要去领会本真呢？因为我不想被误导，每一步都要走得明明白白。我不屑于欺骗自我，当然也不想让自己失望。

冥想

继续观照这一独特的平静状态，在此过程中，你会隐隐约约地发现这种平静值得怀疑。这种感知虽然是千真万确的，但似乎令人难以置信。不要担心，也不要在该问题上停滞，这只不过是修习深入的表现。如果修习处于不断的进展中，那么你的思想是不会长期停留于某一个特定状态的。继续进行专注力的练习。

日记：

_____

_____

日期 _____

第 160 天
丢开一切依赖

感知

自我,最终的依赖。

沉思

我如此执着于本真,能不能从我赖以生活的事物开始观察呢?也许,是一些我珍惜的人、一项追求的事业、一个我爱不释手的东西,一旦失去会痛不欲生。问题是,我能够成功地摆脱它们吗?无论看上去多么重要,我都能洒脱地离开吗?这种依赖不是与过去、记忆紧密相连吗?各种幻觉、影像让你有一种错觉,其实所有的一切都只是海市蜃楼。也许只有真正甩开不舍、痴迷后,我才能踏上完全自由的门槛。或许,依赖感最初就始于这里——自己。我在心中创造出了一个庞大的自我世界,并活在其中不得脱身。

冥想

目前为止,欢乐、极乐、专心、平静和专注等等感觉以及你的"击钟"体验(就是敲击钟,然后停止,让余音源源不断地传出来)都接近于物质的世界,因此对修习具有一定的负面影响,会让内在的世界中潜伏着一种危险。当你的大脑注意到这一点时,会立刻想要逃脱出来,避免其消极影响。继续进行专注力的练习。

日记:

日期 _____

第 161 天
依靠本真获得安全感

感知

修习者可从本真中寻求安全感。

沉思

我能依赖本真吗？将自己完全托付于它？大概是可以的，但是供我依赖的很可能是本真这个概念，而不是真正的本真。那么如何依靠真正的本真呢？它转瞬即逝，还没来得及形成情感，已经消失了。本真仿佛只存在于此时此刻，不可预测，不可移动，但是我的意识却截然相反。于是，我做了很多事，希望建立起来一个思想，能够迅速而果断地识破诸如此类的种种幻象和错觉。直到有一天，我漫步走过树林，看到一片树叶，感到非常新鲜，好像第 1 次见到；然后，看到了另一片树叶，感觉依然是新鲜的。如果不能达到这种境界，就不能算是获得了成功。到那时候，修习又将赋予我什么呢？

冥想

逃避物质世界的想法可能已经在你心中酝酿许久，直到精神本体给你带来的冥想对象在某一个不经意的瞬间突然绽放异彩。继续进行专注力的练习。

日记：

_____

_____

日期 _____

步骤 5：无边的空间

以 3 个回合的呼吸调息作为预备练习开始，然后是鼻尖专注力的练习；接下来将注意力集中于愉悦、极乐、专心、平静和专注对象，并一直维持在初始状态。尽管如此，所有的活动还是显得有点杂乱无章。认识到这种混乱的状态后不久，修习就会进一步深入。你会发现一个奇异的现象：冥想对象消失了！剩下来的只有藏匿其后的空间。随着你越来越清楚地了解到冥想对象已经消失了，这片空间也非常恐怖地凸起、扩大，直到将你整个淹没。

第 162 天
让冥想扎根于内心深处

感知

盲人的国度里，一只眼睛的人就是国王。

沉思

关于冥想的很多事情，现在我都能理解了，但是能感觉到吗？除非它们扎根于我内心深处，否则我的生活、命运将还是一如从前，没有任何变化。

冥想

像往常一样开始修习，先是 3 个回合的呼吸调息，然后是 7 个能量中心的白光练习。现在你的冥想对象已经成为一片无边无际的浩瀚空间。无论是你的呼吸、精神本体所带来的冥想对象，还是其他什么，都不再出现。

日记：

_____

_____

_____

日期 _____

第 163 天
通过修习积极影响他人

感知

冥想者一个人修习；世界上所有人都受其影响。

沉思

到这个阶段时，冥想过程中我自己静静地坐着，完全沉浸于冥想。就这样，我能在他人需要帮助时伸出援助之手吗？我有这个能力吗？即使我得到了启迪，会不会也只是爱莫能助呢？一个人最终获得了启迪，那么就算不直接接触，他也能通过心理渗透来感染到世人吗？我的精神进展微不足道，而且悄然无声，会积极地影响到他人吗？

冥想

现在引导注意力向这无边的空间集中，就好像曾经专注于鼻尖部位的呼吸一样，轻轻击钟，听钟声源源不断地传出来。意念中除了浩瀚的空间外别无他物。即使是对事物的洞察力和识别力也消融在这无边无际的非物质空间中。

日记：

_____

_____

_____

日期 _____

第 164 天
进入非物质状态

感知

身临其境地去体验后，人才会获得相关的认知和知识。

沉思

冥想；触摸精神本体。如果我全身心投入其中会是什么样子呢？

冥想

现在这个阶段可以说是进入一种非物质状态，事实和物质在这里根本用不上，因此七情六欲也开始消退。个人崇拜、形式主义和教条说教都没有了立足之地，随之一同消失的还有冥想过程中时隐时现的怀疑。想要进入更高的修习境界，必须要放弃 3 样东西：个人崇拜、宗教信仰和怀疑。继续将注意力集中于无边的空间。

日记：

_____

_____

_____

日期 _____

第 165 天
在困境中精进

感知

上升、平衡、消亡，这似乎是世间万物共同的宿命，亘古不变。

沉思

当生活遭遇危机，陷入困境时，冥想的程度会更加深入。我对此深有体会。生活，冥想，我知道，确实是这么一回事。

冥想

在这无边无际地漫延着的空间中，你的每一个感觉都模糊起来。身体的官能减退，变得迟缓，物质于是也就自行消失了。继续将注意力集中于无边的空间。

日记：

_____

_____

_____

日期 _____

第 166 天
沉浸在无边的空间中

感知

晨雾慢慢消退；阳光姗姗来迟。

沉思

修习时，有时候我会进入一种非常单调的状态，无穷地延伸，看不到尽头；有时候，微光闪烁，只觉得冥想浩瀚如苍穹，深不可测。在潜移默化中赋予了我强烈的情感：我将不惜一切代价，将修习进行到底。这似乎有点难以置信，很难解释其中的奥秘。但是我唯一知道的是：此时此刻，我知道。至于知道些什么呢？我也说不清。不过，心中非常确定某些东西，即使它已经超越了我的意念范围和理解能力。

冥想

继续沉浸于无边无际的空间中。慢慢地，你会清楚地意识到自己身处何地。

日记：

_____

_____

_____

日期 _____

第 167 天
到达心无杂念的专注境界

感知

你必须要成为一名士兵，骁勇善战。

沉思

我发现，若希望获得彻底的自由，必须先掌握 3 件武器：专注、专心和感知。只有我的专注之剑锋利如剃刀时，我才能继续前行，到达心无杂念的专心境界；彼时，我能够熟练地运用专注之剑，披荆斩棘。然后，感

知随之出现，在其影响和帮助之下，我会获得一种体悟，在茫茫空间中找到合适的坐标，定位好"自我"。该"自我"藏匿于我内心深处，最终还是会被磨灭和消除。

冥想

现在，无边的空间成为你冥想操作的平台和基地。专心致志地经营好这个新的所在，因为它已经是你可以寻求庇护的精神家园。

日记：

_____

_____

_____

日期 _____

第 168 天
彻底改变大脑躁动的本性

感知

已得到启迪的人，行为举止与一般人无异。

沉思

我的大脑似乎受到周围环境的奴役，像一个僵硬的机器，对事物的变化机械地做出反应。除此以外，别无是处。根据具体情况的不同，大脑总是习惯性地先做出反应，要么不动声色，冷静应对；要么反应激烈，冲动行事。这样，本真和事实在哪里呢？要到什么时候，我的大脑才不会受到环境的影响，稍有风吹草动，便躁动不安。也许只有它开始专注自身，严格地检查自身，并形成相应的感知和体悟的时候，大脑才会裂开缝隙，精神本体可趁此机会进入，彻底地改变它。

冥想

　　无边的空间，浩瀚无际，平静似水，非常美好，但是，其中还是有值得怀疑的地方。那么，哪里引起了怀疑呢？怀疑从何而来？继续将注意力集中于该无边的空间。

日记：

_____

_____

_____

日期 _____

第169天
运用专注力进行更深入的观照

感知

　　清醒的意识能够结束没完没了的寻觅。停下来，想想……自由了！

沉思

　　一个轮子，如果被取走了辐条，会发生什么情况呢？显然，轮子立刻就瘫痪了。如果我的"辐条"也不见了，除了展翅飞翔脱离地面外，我还能有什么选择吗？

冥想

　　你的身体是物质的；思想是细物质；无边的空间则是非物质的雏形。在冥想过程中，经历了这三个阶段，是不是就算大功告成了？远非如此！接下来，该是专注力发挥其作用的时候了。运用如刀刃般锐利的专注力进

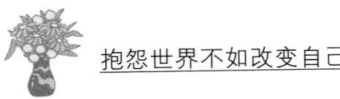
行入木三分的观照，观察入微。不过，目前，你还有另外三个非物质状态要经历和体验。继续将注意力集中于该无边的空间。

日记：

_____

_____

_____

日期 _____

第 170 天
过程和结果同样重要

感知

到达目的地和到达目的地之前的路程，两者哪个更有意义？抑或意义不在这二者中任何一个？

沉思

如果我能找到一处特别的所在，比如异国他乡的某个地方，在那里，可能居住的条件有助于冥想，周围的人们能够更好地理解我的处境，这样修习是不是可以进展得更快呢？但是，我的大脑宁愿面对一片空无，也不愿意离开冥想的坐垫。迈出第一步时我是非常警觉的，总是三思而后行。也许，我应该踏上寻找空无的旅程。

冥想

注意力集中于无边的空间，一心一意，就好像你永远不会离开它。这是唯一可以取得进展的方法。只有你的专注力能够完全投入该无限的空间时，不受丝毫干扰，下一个对象或状态才会出现。

日记：

_____

_____

_____

日期 _____

步骤 6：无尽的意念

　　无边的空间、无边的空间，无边、空间……突然间，大脑惊喜地发现，无论是专注力还是对空间的感知都取决于意念！然后，大脑立刻开始寻找哪些不是由他者触发的结果，而是独立存在的。一旦大脑看清这个事实：空间确实建立于意念之上，它会马上丢开空间，而转向无尽的意念，把无尽的意念作为新的冥想对象！于是，现在无尽的意念成了你注意力集中的平台和基地，带你进入美妙非凡的境界。

第 171 天
远离丑恶，洁身自好

感知

　　本真能够迅速地辨别出黑暗、丑陋、愚蠢，并使你洁身自好，远离它们。

沉思

　　每一分钟，我都要涉足一个新的领地，获得一份新的感知，修习似乎与日俱进。今天，我认识到爱其实是一片无边无尽的广阔园地，始于自私的爱，爱一人而非万人，然后蔓延、扩散，进入无穷无尽的状态。

冥想

现在，无尽的意念应该占据你的冥想过程，成为专注力的主要对象。

日记：

_____

_____

_____

日期 _____

第 172 天
随时随地从生活中学习

感知

教导和学习无处不在。

沉思

在哪里发现自我，就能在哪里学习到新知识。情况越是危急紧迫，我越能了解自我。就好像水自流成行，顺着自己的轨迹流淌，蜿蜒着平衡前行；我最后也将变得平静、稳重，不偏激，不懦弱。但是，这需要花费一定的时间，绝对不是朝夕间能企及的事。

冥想

继续将注意力集中于该无尽的意念。

日记：

_____

_____

日期 _____

第 173 天
告别没有目标的忙碌

感知

旅程有结束的那一天，不是吗？

沉思

我好像傻傻地从一站匆匆奔向下一站，不断地赶着时间跑，到底在忙什么呢？修习所取得的进展已经改变了我的命运，但我还是心急火燎般向前冲，想快点结束旅程，到达启迪。但是，完成修习后，我有相关的生活计划和安排吗？

冥想

修习以 3 个回合的呼吸调息和 7 个能量中心的白光练习开始，然后将注意力集中于无尽的意念。之前的冥想对象——无边的空间现在已被无尽的意念所取代。曾经，是无尽的意念支撑着无边的空间成为你的冥想对象。

日记：

_____

_____

_____

日期 _____

第 174 天
摧毁自我构建的世界

感知

孩童惧怕黑暗，而成人则在光明中惶恐不安。

沉思

本真可能显得非常残酷，使人感到非常压抑。在自我构建的世界中，我安然无恙，怡然自得，为什么非要横加破坏呢？因为构建起来的自我世界总是给我制造出些麻烦，必须要弄清楚这些麻烦的来龙去脉。我发现，冥想过程中，大脑是麻烦唯一的焦点。

冥想

意念是非物质状态；大脑则是物质。因此，从一个特殊的视角中观察自身以外的东西，大脑就产生了意识。尽管很多人都可以有对意念的感受和体验，但是这种现象本身很难用言语解释清楚。继续将注意力集中于该无尽的意念。

日记：

_____

_____

_____

日期 _____

第 175 天
坚守信念，不断进取

感知

黑暗中的旅行因为有信念伴随，有感悟护卫，所以脚步非常坚定，永不退却。

沉思

我惊奇地发现大脑能够在意识非常清楚的同时，出现一片空无的状态。但是，这种空无并不是我熟悉的那种虚无、空洞。相反，其中充满了生命力，活力四射。

冥想

虽然无尽的意念状态超越了你的想象，到达一种前所未有的境界，但还是有值得怀疑的地方存在。继续将注意力集中于无尽的意念。

日记：

_____

_____

_____

日期 _____

第 176 天
谨防异能分散注意力

感知

一无所知，不过要睁大眼睛审视一切，由表及里，由内到外。

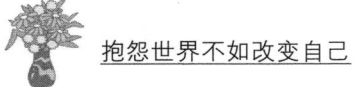
沉思

我感觉失落，茫然不知所措；失去了触摸的知觉，但是失去感知的部分恰是我无法抱以信任的地方。

冥想

这个阶段可能产生超乎寻常的能力。脑海中曾经一度吸引你视线的影像、幻象、色彩，愈发清晰起来，你几乎可以分毫不差地观察它们，仿佛开始"阅读"自己的大脑和思想，透过种种镜像看到了未来。听觉也变得非常灵敏，身体能在瞬间隐于无形，你可以无翼而飞、行走于水面，甚至穿越墙壁。但是，一定要加倍小心。专心于发掘这些能力会分散你的注意力，从而将启迪放到了次要的地位。此时，宜继续保持专一的专注力于修习，不要去管什么飞檐走壁的超自然力，除非你已经积累了丰富的经验，能够在异常情况出现时，游刃有余地应对。当然了，话说回来，你为什么非要拥有这些超乎寻常的能力呢？继续将注意力集中于无尽的意念。

日记：

_____

_____

_____

日期 _____

第 177 天
以变化的眼光看待世界

感知

知道自己无知，并放之任之，不采取任何措施。

沉思

对我来说，当我对一件事非常确定时，这件事一定是不会变化的。如果它开始变动，那么我就又不了解它了；但是，如果它一直静止不动，显然，已经"死"了，生命不再。此时此刻，我知道，这种知觉是不可能用言语解释的；因为时间如白驹过隙，眼前的这个片刻眨眼间就成了过去，而我的知觉也是转瞬即逝的，两者均处于不断地变化中。有没有可能让我知道哪些是没有发生变动的呢？我只能是我，暂时没有办法知道。

冥想

沉浸于该无尽的意念一段时间后，你可能会注意到意念无比地接近于无边的空间，两者似乎都立足于另外的事物，并不是完全静寂无声、和平安宁的。继续将注意力集中于无尽的意念。

日记：

_____

_____

_____

日期 _____

第178天
寻找问题并耐心等待

感知

寻求答案是愚蠢且徒劳的。应该寻找问题，然后等待时机的成熟。

沉思

让我痛苦万分的是我执着以求的答案迟迟不肯出现。有人说，曲径通

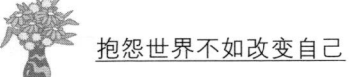
幽，可是我怎么也看不到柳暗花明的豁然开朗。不过，冥想确实教会了我很多事，我从中获益颇多。

冥想

你的大脑会发现自身越来越依赖这种无尽的意念，同时也看出这是一种潜在的危险。这时候，它开始寻找更加平静的所在，并且不再受制于任何一种状态。与此同时，继续将注意力集中于无尽的意念。

日记：

_____

_____

_____

日期 _____

第 179 天
将体悟珍藏于潜意识

感知

体悟是一湖激情澎湃的水；你在水面下游弋。

沉思

体悟和感知在冥想过程中，断断续续地来临。为什么在其揭露出来的事实和启示面前，我会情不自禁地陷入迷惑？

这时候，决心必须要坚定，专心致志地将注意力集中于其上，尽量不要出现分神、分心。让五花八门的感知自行出现、消失，并不是说因此我就失去了它们；反之，它们一旦出现，就永远不可能被蒙上尘土。

我确信，必要的时候，它们一定在某个地方等待着发挥出作用。精神的世界非常奇妙，每件事情都会在我需要的时候及时出现；但是，在此之前，找不到它们的踪迹。

因此，除非我真正需要，否则它们是不会现身的。

冥想

作为冥想者，你现在已经不清楚自己身在何处了，用常识是判断不出来的。只能细心去体会和感受，你的命运随之而发生改变。

这是人类的潜能和精神本体结合在一起，没有始端，也不会结束——就像人类的归宿和本源。继续将注意力集中于无尽的意念。

日记：

_____

_____

_____

日期 _____

第180天
通过改变自我来改变世界

感知

精神上的孤独是忘我、无我的。

沉思

我，孤身一人，怎么能对偌大的世界产生作用呢？我为什么要花费心思试图去左右世界的运转呢？

世事纷繁，终将难料，如果条件允许，事情的发展必定是竭尽全力朝着好的方向。我想知道，在这世上有多少人不得不改变原先的生活轨迹呢？我冥想，但是身边的人在不知不觉中都受其影响，冥想具有这样的感

染力吗？如果我能改变自我，这样一来，世界也会随之改变，因为整个世界也就是由无数个"自我"组成。能够改变世界，何乐而不为？

不过，到目前为止，唯一要做的就是改变自我。

冥想

现在，我对于日常生活中细枝末节的感受也开始发生转变，还想要按照以前的方式继续生活，似乎非常困难；不付出努力，几乎是不可能回复到以前的。

因为，你的心已不在。濒临死亡之人，或者有过灵魂出体经历的人，都有这种类似的体验，生活方式也是不同于从前的。你也一样，一切都发生着变化。继续将注意力集中于无尽的意念。

日记：

_____

_____

_____

日期 _____

步骤 7：空无

终于，无尽的意念认清了自身，分辨出了静和喧，也知道了哪些东西是依赖于知觉的。

当这种意识和认知深深地嵌入你的内在世界时，大脑会立刻对无尽的意念产生排斥，并以一种势不可挡的力量将之拒于千里之外。

于是，前所未有的空无状态侵占进来，完完全全地空白，让你感受到死寂般的平静。很快，你的注意力开始一点一滴地转移过去。

第 181 天
将注意力集中于空无

感知

黎明前的破晓时分，最为黑暗，最为寒冷。

沉思

我的担忧受怕、忐忑不安能够被更为深邃的东西取代吗？也许做不到，除非我从内心深处向它们屈服，承认并接纳它们。

冥想

继续将注意力集中于该空无的状态。

日记：

_____

_____

_____

日期 _____

第 182 天
让大脑在空无中停息

感知

追寻启迪，我一无所获，两手空空……突然之间，功成身就！

沉思

除非我只活在当下，没有过去，也没有将来，否则如何体会到此时此刻这一瞬间的光彩和伟大？问题是，我的生活与昨天的往事无法分离，信念也紧紧地依赖于未来，根本无法轻身而退。过去和将来，是我的所在，我的家园。除此之外，我想象不出来还能在哪里找到自我。

冥想

随着你的大脑慢慢将注意力转向这空无的状态，它同时还在思索，无果无终，一切都是虚无。于是，渴望孤独离世，渴望寂寥空旷，并不断地将注意力集中向空无，集中……集中……直到一切不复存在，只有空无。然后，大脑停息在那里。继续将注意力集中于该空无的状态。

日记：

_____

_____

_____

日期 _____

第 183 天
走出幻生幻灭的生活

感知

精神性，不过是一个概念，每每说起，总是令人不知所云。观照即可！

沉思

错觉错综复杂，交替出现，我穿梭于其中。为什么非得改变这种状况呢？我已经这样在幻生幻灭中生活了好多年，并且早就习以为常。

冥想

大脑停下了，但并没有终止。看起来，还需要向前迈出一步；不过空无的状态让它获得了暂时的慰藉和安宁，它好像意兴阑珊，不愿意再跨出脚步了。继续将注意力集中于该空无的状态。

日记：

_____

_____

_____

日期 _____

第 184 天
体验崇高的孤独感

感知

本真告诉你：人注定孤独，在社会中永远得不到他人恰如其分的解读。

沉思

不断地节制自己，从那些可能引起误导的事物中抽身而退。我开始仔细审查如禁锢般束缚我的种种人、事、物，不计后果地欲弃它们于不顾。但是，即使是在此之后，还是很难完全放开手。潜意识中，我不希望孤身一人，因此总是从周围的生活环境中寻求伴护。孤寂难耐的时候，感觉情绪非常压抑，内心会进行激烈的思想斗争，能够体会到前所未有的孤独感。即使是这样，我还要打破这种孤寂吗？强烈且成熟的状态，崇高的孤独，没有自我掺杂于内。

冥想

这里，大脑能够清楚地看清空间的虚无；同时，意念在它看来也不过一片空无，大脑自身等等无不如此。即使本阶段已经进入比较高的境界，修习者隐隐约约中还是感觉到一丝若有若无的不确定。但是，此时此刻，不需要你为此费心劳神。船到桥头自然直，当时机成熟时，引起这种感觉的缘由自动会显露出来。现在，继续将注意力集中于该空洞、虚无的状态。

日记：

_____

_____

_____

日期 _____

第 185 天
在孤独中体验恐惧

感知

暂时隐蔽起来，你将获得永远向前奔跑的能量。

沉思

我应该勇于去尝试恐惧、害怕的心理体验。如果我害怕孤独，就应该将自己与众人隔绝，找一处僻静地所在，细致入微地体察自身的孤寂。此后，当孤寂感再次袭来时，你可以借助于事先的积累而使自己免于侵扰。

冥想

到目前为止，你转移或集中专注力的熟练程度应该已经达到炉火纯青。注意力集中向空无的状态后，你想停留多久都可以，不会受到干扰和阻滞。一直与这种空无的状态同在，直到大脑寻找到更加安全的事物和所在。继续将注意力集中于该空洞、虚无的状态。

日记：

_____

_____

_____

日期 _____

第186天
让迷惘在虚无中烟消云散

感知

昨晚，满月盈彩当空，你怎能对这璀璨之美视若无睹呢？

沉思

我总是忙得不可开交，到底为什么而疲于奔命呢？如果有一天，我什么事都不做，会发生什么呢？是不是就虚掷了光阴？也许正是这种"向前进"的念头阻碍了我去享受此时此刻，眼前的这个片刻，是吗？

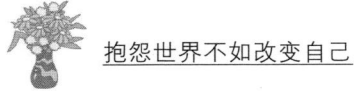
冥想

当你发现曾经出现的事物都不复存在时，一种虚无的毁灭感油然而生，就连上一个片刻的存在都不知道是虚是实，是真是假。什么都不存在！令人难以置信的平静袭来，于是所有的问题都烟消云散，但是内心深处还隐藏着怀疑。尽管如此，继续将注意力集中于该空洞、虚无的状态。

日记：

_____

_____

_____

日期 _____

步骤 8：知觉和非知觉皆无

现在，你的怀疑变得越来越明晰，同时空无也与其他诸如无边的空间和无尽的意念等非物质一样，一览无余。在空无的背后还会有什么东西吗？是，那就是人的知觉。你始终对空无的状态抱着不安的心态，并且为此担忧受怕，直到有一天，你突然意识到只要有知觉的存在，就不可能有完完全全的平静。认识到这点后，你立刻进入专注力最集中的状态，即"知觉和非知觉皆无"，一切变得透明，伴随着知觉的消失，所有的感觉也终止了。于是，大脑、精神的喧嚣和繁华停息，终于尘埃落定。

第 187 天
进入知觉和非知觉皆无的状态

感知

无知也是一种幸福；但是，拒绝用双眼探索世界的人是没有资格获得它的。

沉思

有人说，无知也是一种幸福。可是，无知却给我带来了重重疑惑，让我懵懂糊涂，在这种精神状态下做事时，基本上一事无成。鸡毛蒜皮的琐碎之事只会带来无穷无尽的迷茫。

冥想

将注意力集中于这种既非知觉也非非知觉的状态。

日记：

_____

_____

_____

日期 _____

第 188 天
认清自身所处的位置

感知

宽容如海纳百川；同时，保持密切的观照。

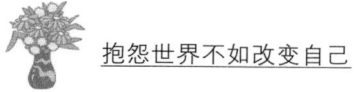

沉思

不断地逆流而上，乘风破浪，感觉有点太过激进。我必须要认清自身所处的位置，并承认事实，然后由此出发吗？继续还是停止？如果有一颗善良的心，我将更多地关怀他人，而不是总对个人得失斤斤计较。不过，我知道自己是不会这么自觉地做的。首当其冲的是，认清并接受这样一个事实：此时此刻，什么都不存在。

冥想

"知觉和非知觉皆无"的状态很难用语言描述出来，与其他 3 种非物质体验相比，有天壤之别。解释和说明都难尽其妙，在此，你的大脑处于一片纯粹的静寂，没有功名利禄之心，也没有喜怒哀乐之欲，更没有存在。当然了，大脑还是一如既往地运转着。以前，认为大脑是单独、与世隔绝的；现在，这种想法有点荒诞可笑，根本就是一种误解。实际上，已经没什么剩下了。继续将注意力集中于这种既非知觉也非非知觉的状态。

日记：

_____

_____

_____

日期 _____

第 189 天
谨慎对待自己的言行

感知

无疾无痛；惠及众生。

沉思

我开始对自己的一言一行敏感起来，尤其是伤害到他人时，这种敏感异常清晰。即使只是引起他们焦虑不安，都会万分痛苦。无论等待我的结果将会是什么，我都要结束这一切！

冥想

"知觉和非知觉皆无"是专注力集中的巅峰状态。大脑平静如止水，思维清晰似明镜，思想锐利若锋刃，丝毫不受到存在意识的影响和阻挠。这种稳定促使你迅速进入修习的下一个过程——专心。8个步骤，把你的专注力之剑磨得越来越锋利，但剑锋只有能够刺穿对象时，才算是派得上用场。继续将注意力集中于这种既非知觉也非非知觉的状态。

日记：

_____

_____

_____

日期 _____

第 190 天
超越自我极限

感知

话语只是影像，透射出事物的甘甜醇美。你只有亲自尝试，方能品其芬芳。

沉思

事情的发展似乎都在突破并超越一些极限——我给自己设定的底线和

 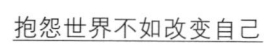
限制。

冥想

通过练习专心程度，很快你就能利用专注的心神进一步加深体悟。不过，现在要做的就是从"知觉和非知觉皆无"的状态出来。在热身预备练习完成后，将注意力集中于 7 个能量中心之一的前额即可。像之前鼻尖专注力的呼吸调息一样，尽量将呼吸进来的气体送至前额；并想想着额头开启，白光充斥进来，呼吸萦绕于其内，令人神清气爽。在日常生活中，始终将注意力集中于前额中心。打个比方说，好像你在茫茫尘世，目光却穿越该中心，直延伸向远方。

日记：

_____

_____

_____

日期 _____

第 191 天
将注意力集中于前额中心

感知

情感出现波动，是于修习无益的。

沉思

当平静的生活中出现一些出乎意料的事时，我不得不对之采取相应的措施，因此产生了重重困难。除此以外，还能有什么解决的方法吗？

冥想

修习时，关注的焦点转到双目之间和眉眼以下部位。这种非物质的宁静状态是你经过一番辛苦后才建立起来的，现在让你从中离开可能有点舍不得。但是应在维持心神平和的同时，将修习慢慢向前推进。宁静的精神状态有助于修习的进展，不过若不善加利用，则会适得其反，使修习受阻。你如履薄冰，战战兢兢，进退两难。与昨天一样，在日常生活中，始终将注意力集中于前额中心。当然了，开车的时候可例外！毕竟驾驶时不能心不在焉。

日记：

_____

_____

_____

日期 _____

第192天
将修习融入日常生活中

感知

混乱、混沌；多么富有生命力和创造力！

沉思

我必须找到一个适宜的方法，可以将修习巧妙地融入日常生活的点点滴滴中。也许真应该从不经意间的琐碎小事开始，比如在百货店等待结账，在转弯处等待信号灯，这些时候，我可以将注意力集中前额中心，两不耽误。如果能够时刻记起，久而久之就形成了习惯，然后甚至在交谈中，我也能保持对前额中心的专注力。这样，我将又会看到什么呢？

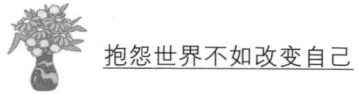

冥想

　　3 个回合的呼吸调息后，慢慢开启 7 个能量中心，然后将注意力集中在前额部位。处理日常事务时，继续将专注力停留于此，就好像你站在茫茫尘世，欲看穿前额。当视野中什么也没有了，你无事可做时，心神沉浸于双眉间的白光即可。

日记：

_____

_____

_____

　　　　　　　　　　　　　　　　　　日期 _____